世界名枪全鉴

珍藏版第2版

狙击步枪

孙松 等编著

机械工业出版社
CHINA MACHINE PRESS

本书对狙击步枪这类武器进行了详细介绍。前半部分从狙击步枪的发展史和基本知识入手，分别介绍了狙击步枪的发展历程、相关配备（如口径、弹药、枪管、瞄具等）和延伸知识（如狙击手、狙击的目标、狙击手行动小组等），并总结了狙击步枪的现状和发展趋势；后半部分按国别介绍了在世界上有一定影响力的狙击步枪产品，包括一些经典的狙击步枪和当今最先进、性能最优的狙击步枪系列，这部分内容是本书最大的亮点。书中的图片内容全部为精心挑选出来的效果图，让大家在了解枪械的同时还能了解一些枪械的绘制技巧。

本书适合广大的军事爱好者作为科普类读物阅读参考，同时也可作为喜欢绘图的朋友们的一本军事绘制图集。

图书在版编目（CIP）数据

世界名枪全鉴：珍藏版. 狙击步枪 / 孙松等编著. —2版. —北京：机械工业出版社，2014.12（2025.4重印）
ISBN 978-7-111-48810-1

Ⅰ. ①世… Ⅱ. ①孙… Ⅲ. ①狙击步枪—介绍—世界 Ⅳ. ①E922.1

中国版本图书馆CIP数据核字（2014）第288908号

机械工业出版社（北京市百万庄大街22号 邮政编码100037）
策划编辑：杨 源 责任编辑：杨 源
责任印制：单爱军 责任校对：杨 源
北京虎彩文化传播有限公司印刷
2025年4月第2版第11次印刷
184mm×260mm · 11.25印张 · 280千字
标准书号：ISBN 978-7-111-48810-1
定价：69.80元

电话服务
客服电话：010-88361066
010-88379833
010-68326294

网络服务
机 工 官 网：www.cmpbook.com
机 工 官 博：weibo.com/cmp1952
金 书 网：www.golden-book.com
机工教育服务网：www.cmpedu.com

前　言

狙击步枪是广大军事爱好者们较为偏爱的一种具有有效杀伤性的武器，它自身独特的外形、构造及其作战方式都吸引着军迷们。我们在一些有关特种部队的影视题材中经常看到狙击手们躲在大楼或远处的窗口远距离快速地狙击目标，之后迅速完美地撤离，这也说明了狙击步枪是一种高精准的武器，同时又能最大程度地保证狙击手的安全，这也是各国投入大量精力对其进行研究和升级的目的。

狙击步枪其实就是具备膛线的长枪管步枪，并装有战术瞄准镜，是一种作战隐秘、杀伤目标于无形的武器。它拥有许多种口径，可根据口径的大小来执行不同的任务，狙击不同的目标。狙击的目标又分为人员和器材，通常大口径的狙击步枪称为反器材狙击步枪。狙击步枪通常由部队中的狙击手使用，而狙击任务由狙击小队来完成。“狙击”这个词不像大家所理解的那样是单枪匹马，通常狙击手旁边有一名观察员进行距离、风向、温度等一系列环境条件的观测与计算，以确保狙击成功。狙击步枪也经常被用来击杀敌方的高层领导人员和重要器材。我们对于狙击步枪，更多的是通过电影、游戏等一系列的媒体进行了解。在很多军事题材的影片中，狙击步枪成为与影星并驾齐驱的主角，如前苏联的经典莫辛－纳甘狙击步枪、德拉贡诺夫狙击步枪，再比如美国的巴雷特大口径反器材狙击步枪等，我们经常能在相关的影片中看到它们的身影。在射击类的游戏中，狙击步枪通常是作为特殊任务的主要武器出现的，往往都是隐蔽自身，对对方重要人物进行狙杀。因为我们在日常生活中很难接触到狙击步枪这种武器，所以会想通过游戏来感受一下。编者可以给大家推荐两个真实度较高的游戏，《狙击手》和《使命召唤》，它们不仅对枪械的击发、后坐力、精准度等一系列参数制作得较为真实，而且会根据游戏中任务的不同模拟玩家置身于各种不同的隐蔽环境狙击敌人，让大家能够感受到敌明我暗、敌动我静的狙击手世界。

本书所介绍的每一把狙击步枪都配有精心挑选的高仿真彩色效果图，同时包括其配件图，尤其是每一把狙击步枪的瞄准镜展示图和局部细节图，并且都有详细的文字说明，让军迷朋友能够更加深刻地了解每一把枪的构造，可谓图文并茂，让喜爱军事的朋友们能够获得视觉和阅读上的双重享受。本书中的狙击步枪的型号、功能和样式比较全面，例如 HS.50 大口径狙击步枪、造型霸气的巴雷特 M82A1 反器材狙击步枪等。书中内容以及各项参数均来源于各国已公开的军事文档，数据也全部基于国外军事杂志，在编写过程中编者尽最大努力让内容更符合客观事实，以便于读者阅读参考，如此全面的狙击步枪介绍，相信会让广大的军迷朋友们能够更为详细和全面地了解狙击步枪的相关知识。

参与本书编写工作的人员包括母春航、吕昊、张蜜蜜、李晋远、葛伟然、母秋华、赵鑫、尤媛、吴宝辉、齐雪霏、刘红伟、王萌、王敏、高雅、邰树文、任安兰、姚苇、孙松、徐博文。

编者

Contents · 目录

第 1 章

狙击步枪基础知识

狙击步枪是一种比步枪更为精准的精密型步枪，该武器具有射程远、准确度高等特点，狙击步枪在战争中能够很有效地打击敌人。

狙击步枪一般具有瞄准镜、比一般步枪更长的枪身、带有拖腮架的枪托、两脚架。

狙击步枪的介绍

狙击步枪的意义

狙击步枪通常是指准确度与射程比一般步枪更高更远的精密型步枪。其部署以战术为主，但是也能够发挥战略性效用。狙击步枪为了降低光线对于肉眼的干扰、增加精准度，均配有瞄准镜。狙击步枪弹药采用中央式底火弹药，以此满足对于弹药燃烧效率与弹头威力的要求。因凸缘式弹药凸缘无法承受弹药燃烧爆炸的高压而容易发生弹壳断裂，狙击步枪不采用此种弹药。其使用目的为破坏物资、击毙敌方人员、击毙敌方指挥人员以阻止敌方行动、击毙敌方交通载具操作人员以干扰敌方行动、击毙敌方通讯人员、击毙自动武器操作人员或重型武器操作人员大幅降低敌方战力或者击毙敌方狙击手以提升部队士气加强区域安全。现代狙击步枪根据使用环境与单位大致分为军用与警用狙击步枪两种。

狙击步枪的由来

在印度还是英国的殖民地时，英国官员或贵族有游猎印度乡间的习俗。他们在游猎中偶然发现鹬鸟极难狩猎，射手须伪装埋伏并配以极佳的射击技术和精密度较高的步枪才能猎得，这样的射手被称为“猎鹬者”。“狙击手”一词由“猎鹬者”转化而来，也因此高精密度的步枪被称为狙击步枪。

随着技术的变化与精密度的提高，狙击步枪亦需要专业人员操作，因此狙击手需要接受专业狙击射击训练方可符合战术需求。广义的狙击步枪包括装配瞄准镜一般军用步枪或民间猎枪，其射手亦可被称为狙击手。

狙击步枪的发展历程

自布尔战争以及冬季战争后，只有英国与前苏联军队正式装备狙击步枪，两国吸取布尔战争以及冬季战争中的教训正式训练具备狙击专长的步兵或特殊任务人员。此举对世界各国的战略战术产生了深远的影响，进而纷纷效仿英、苏两国。

尽管各国陆军开始承认狙击枪的价值，但直到第一次世界大战陷入壕沟战的僵局后才发现狙击步枪能够在壕沟战中发挥战术上的弹性与效果。一般认为第一款正式的军用狙击步枪是李－恩菲尔德步枪 MK III 型。

第二次世界大战是狙击步枪的另一次使用高峰：狙击步枪在二战中批量装备部队，基本上各班配有一名狙击手、一把狙击步枪。狙击步枪于二战中依然保持无脚架手持方式，装备了 2.5 倍瞄准镜，比一般步枪增加了托腮架。枪厂因为瞄准镜位置重新修正设计枪机拉柄。二战末期交战各国狙击手的数量及其装备的质量均已有极大的发展，在各项地面任务中将其职能与效率发挥到了极致。

大口径的狙击步枪

由于狙击手以 2~3 人为一小组，在战场上享有极大的机动性与弹性，甚至是在渗透能力等方面也能享有一定优势（infiltration），所能遇到的战术良机（含有战略性效果）比一般部队多，因此狙击手的任务往往不仅用来击毙敌方人员。当狙击手在战场中发现敌方的重要物资或器材时，如秘密的车辆集中场、野战机场、野战油料／弹药库，甚至野战雷达站，或者上述区域已经遭敌方戒备时，狙击手得以大口径弹药，例如 12.7mm×99mm NATO（.50 BMG）子弹、12.7mm×108mm 子弹、14.5mm×114mm，甚至使用 20mm 炮弹弹药（例如芬兰的 L-39 反装甲半自动机炮与南非的 NTW-20 反装甲手动炮闩炮）加以打击摧毁；大口径的弹药对于仅有轻度防护的车辆、器材甚至碉堡都具有毁伤的能力，加上射程常以公里计算，使得敌人难以估计可能的发射位置进行反制，狙击手也有足够的时间进行脱离或寻找掩护，而且当物资与器材遭到破坏时也不至于危及到狙击手本身的安全。

大口径弹药的主要用途并非击杀人员，假设野战雷达操作员没有跟机动雷达控管设备在一起，仅仅击杀操作员是毫无意义的，应该优先击毁雷达，可能连带导致人员伤亡。若执行任务的狙击手破坏雷达站，便能减少我方飞行部队的损失，并且成功地对敌人设施与基地进行轰炸。

尽管大口径弹药在弹种的变化弹性与威力方面均高过 7.92mm 以下口径的弹药，但是辛苦的都是操作它们的狙击手们或者是战术小组成员，或许我们可以说凭借着 Raufoss 弹头（可同时用于穿甲、高爆、燃烧，以及人员击杀任务），狙击手执行任务时不需要担心目标或者环境的变化而能够显得沉着、冷静，但是反物资作战向来不可能只靠一个人单独完成的。

狙击步枪的分类

现代狙击步枪以使用环境与单位大致分为军用与警用狙击枪两种形式。

警用狙击步枪的整体结构重量比军用狙击步枪更为重一些，也比军用狙击步枪略短。警用狙击步枪比军用狙击步枪有更多使用脚架的机会。因设计原因警用狙击步枪的精准度也高出军用狙击步枪很多，但军用狙击步枪更坚固。警用狙击步枪的精密性也比军用狙击步枪高，但价格昂贵。军用狙击步枪的作战范围比警用狙击步枪的作战距离更广。

军用狙击步枪

为确保在更加苛刻条件下可用，军用狙击步枪的精确度比竞赛用枪以及警用狙击步枪低。军用狙击步枪通常要求结构上耐用、可靠、坚固、容许粗暴操作、零件之间可交互使用等。

由于军人执行任务时必须做到枪不离人、人不离枪，狙击手在特定任务中（如卡罗斯刺杀北越指挥官时）可能全程不离开狙击步枪，因此军用狙击步枪的重量将会是狙击手能否完成任务的重要因素。军方严格的预算规划与管理会影响装备的狙击步枪是否适合狙击手及其任务。

执行反物资任务的狙击手将携带沉重但威力强大的 0.50in 口径弹药进行战斗：一发 12.7mm×99mmNATO（.50 BMG）子弹就能击穿引擎间隔板让车辆无法行动。

警用狙击步枪

由于执法单位常常处理暴徒与人质劫持突发事件，其作战方式与军队狙击手不同：执法单位往往在街道与建筑物中与暴徒交火，因此战斗距离和时间往往比军队狙击手更为短暂。

执法单位吸取 1972 年慕尼黑惨案中西德警方欠缺适当的狙击步枪甚至狙击手的教训，而要求所装备狙击步枪的精确度很高。以 PSG1 步枪为例来说，其弹着精密度于 300m 的距离能将 50 发弹药平均集中于 80mm 的靶心当中，约 0.6MOA（美国陆军于同等距离最低要求为 1 MOA，可见警用狙击枪的精准度较高）。

狙击步枪的结构

狙击步枪的瞄准镜

狙击枪的瞄准镜主要用于将目标的影像放大到视网膜上使瞄准变得更容易、更精准。放大倍率与物镜的直径成正比，较大物镜口径可使影像更清晰与明亮，在高倍放大时可能会造成视野减小。但物镜造成的反光可能直接暴露狙击手的位置。

▼狙击步枪的枪管

枪管（Barrel）被称为“狙击枪的灵魂”也不为过，毕竟狙击步枪的最终诉求就是精准，所以狙击专用的枪管在制造与加工工艺上需要的精细度一定要高过一般的枪管，在质量与重量上也比传统枪管的要求多，以减少从第一发弹药发射后的弹着点发生太大的改变，尤其枪管因为持续的发射而产生高温与膨胀，会导致弹披面的弹着点分散的角分数值逐渐加大。值得一提的是，狙击枪管的枪膛（bore）不像突击步枪的枪膛那样有电镀铬防锈蚀的工艺，这也是为了减少对弹着精密度的妨碍所作的考量设计。

枪管组装的时候其实只跟机匣连接而已，即枪管“浮动”（free-floated）在枪支上，这样的优点在于枪管可以保持不受枪支护木、脚架、枪背带，甚至是狙击手的“手”所造成的干扰。有的狙击枪管的外端与一般枪管一样会加装防火帽或者滚架等装置，原则上是当作防火帽用来抑制发射时枪口的火光，事实上是用来配重以及保护枪管遭到撞击时不会影响射击的精确度。甚至有的狙击步枪枪管上加了肋条保持张力，以避免枪管受到高温影响（包括地面的辐射温度与枪管发射温度的交互影响）而下垂，例如德拉贡诺夫狙击步枪或者瓦尔特 WA 2000 狙击步枪。

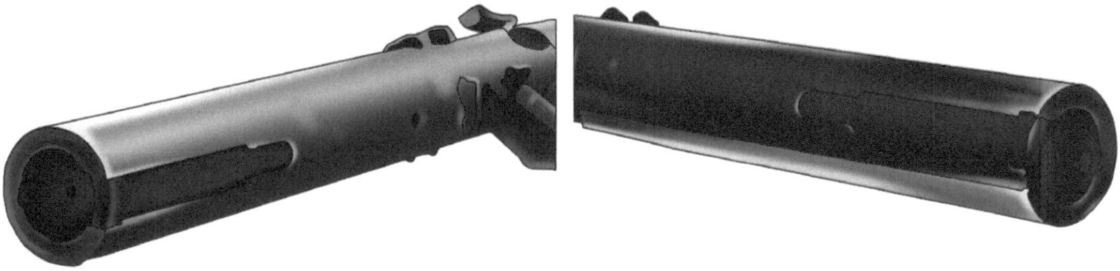

▼狙击步枪的枪托与托腮架

除了瞄准镜是区别狙击步枪的外观特征之一以外，枪托（stock）上的托腮架则作为狙击枪的第二个重要特征。好的托腮架是可以对上下间距进行调节的，由于每个狙击手脸部的大小不同，再加上瞄准镜又比照门的位置要高出一点，如果没有托腮架的协助，狙击手的瞄准线与弹道之间的交会点（far zero）就会出现极大的落差，又或者是脸颊不丰腴或短小的狙击手很有可能在没有托腮架的协助下将弹着落在目标的前方，这种场面将作为战场上百年一遇的“善意”警告。

除了前面提到每个射手的生理特征不同以外，所有的差异中也包括肱骨的长度差异，因此有的枪厂设计的枪托除了托腮架高低可调之外，也包括枪托长短可调，通常是将可调整的组件设置在枪托底板上。

枪托不管如何设计，甚至像SVD狙击步枪将枪托作镂空的设计以达成轻量化，真正专业的枪托（身）是不会真正接触到枪管的。

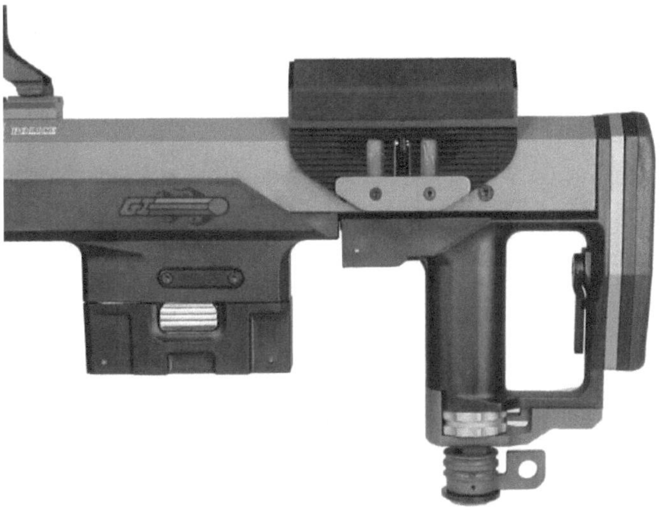

狙击步枪的背带

枪背带在枪体的组成部分中可能不起眼，不过在精准射击上却占了重要的地位，即在掩体后方以立姿或高跪姿（单膝跪地）射击时，甚至以卧姿射击却缺乏依托时，狙击手可凭借支撑枪支的手臂（non-firing arm）环绕扯紧枪背带将枪支与身体紧密地结合在一起，降低枪支在握持时摇晃的问题。

狙击步枪往往还会搭配两脚架（也有三脚架，例如 PSG-1）帮助稳定射击，在使用脚架过程中，会更加容易暴露出位置；执行任务时往往由观测员（spotter）携行，或者直接安装在枪支上。直接安装的脚架往往也会造成枪支与藤蔓的缠绕或者抵触到灌木丛发生噪音或震动，导致狙击手行踪与位置的暴露，影响任务执行上的安全系数，因此军用狙击步枪使用脚架时必须注意现场的地形地貌等结构特征。

狙击步枪的性能

狙击步枪的精准度

前面我们所提到军用狙击步枪的“精密度”没有想象中的那么高，以此类推当从弹着的角分“精准度”范围来说，也就无法与民间竞赛用枪一较高下了（这其中涉及弹药与枪管构造以及瞄准镜的放大倍率问题），最后只剩下威力这一项勉强可以让军用狙击步枪与警用／执法单位用的狙击步枪和民间竞赛用枪平起平坐。

我们以军用的主力步枪(Battle Rifle,例如M1903步枪、M1步枪、M14步枪、李-恩菲尔德步枪、98K卡宾枪)以及突击步枪(M16枪族、AK-47枪族等)的弹着角分范围来看,最理想的状态是能维持在3角分以内(由于弹药威力大以及枪管倍径长的关系),如果散布在6角分以内也不能算不良(突击步枪的有效射程短即为此意,并非指超过有效射程后弹头威力立即下降);军用狙击枪的弹着角分范围大约维持在0.5~2角分;警用/执法单位用狙击枪则要求维持在0.25~1.5角分范围的精准度;据说竞赛用枪的精准度最多不会超过0.5角分的范围。

由于美国陆军的狙击枪受限于成本问题,以及可靠度、操作程度还有保养程度的要求,自然在精准度上无法满足已经具备其他狙击步枪射击经验的狙击手的要求(一把M40A3只要3 200美元;一把PSG1“至少”要12 000美元);如果一把狙击步枪能够在800m的范围内将弹头送进直径为8in的圆圈内,就会被认可,或许就会被军方接受从而将此枪发配到部队当中。

与其说军方的生意好作,不如说买家识货。2005年2月出刊的“Guns & Ammo”(枪与弹药;Johnson, D: Precision Pair)指出FBI要求狙击步枪具备能够将弹头在100m的距离准确地送进0.5in的范围内的能力。

不过目前警用/执法单位用的狙击步枪能够达到1角分者已经令人相当满意了,原因是警方/执法单位攻坚时负责压制与掩护的狙击步枪往往部署在距离目标100码,甚至是更短的距离,这个时候的1角分指的是步枪能够“反复地”击中一个1in的目标区块,相当于一个人大拇指的长度。能击中这个范围,也一定能击中头部,从而达到一枪致命并能够顺利解救人质的效果。

狙击步枪的有效射程

军用狙击步枪在射程方面都倾向于延长有效射程,这将作为另外一种战术考量,指在射击后受限于距离以致敌方无法有效立即锁定狙击手位置并与之还击或交战,自然狙击手(不论有无达成击杀目的)就有足够的时间进行射击位置的转移,寻找掩体来进行自我掩护,甚至撤离。不过狙击手的射击距离不见得固定,每一次都是从非常远的距离开火,尤其与地形、气候、天色,以及环境有绝对的关联,也就是说,狙击手的射击距离往往与敌方的机枪、突击步枪、狙击步枪的射击距离呈现犬牙交错的关系。

虽然我们暂时还不能明确断定出未来狙击弹药的发展走向和趋势,但是较大口径的弹药市场与较大口径的狙击步枪需求已经开始缓慢增长,原因在于这种弹药享有较大的射击距离,尤其是用来击杀人员的.338 Lapua Magnum以及反物质的12.7mm×99mm NATO(.50 BMG)还有KPV弹药,毕竟射击距离与狙击手的风险成反比。

弹药

弹药分析一般集中在威力、有效射程、有效射程中穿甲能力等量化数据。20 世纪 50 年代是欧洲国家军方弹药变化的分水岭：在这之前各国均没有统一的弹药标准，美军使用 7.62x63mm 春田子弹（.30-06Springfield），英军使用 .303 7.9x56.4mm 子弹（.303 British），德军则采用毛瑟子弹（7.92x57mm Mauser）。此后北约各成员国统一使用 7.62 NATO 子弹，而美国海军陆战队直到越战依旧使用春田子弹。苏联此时也进行了弹药规格改革，狙击枪所需要的高威力子弹继续沿用 7.62mm 子弹。除 7.62mm 子弹外，SVD 步枪还配备了弹头含有钢芯的 7N14 子弹，7N14 子弹外箱上印有 **Снайперские**，以避免将这种高成本弹药错误的使用。

得益于狩猎这项传统活动所赐，军火商不至于苦等做军方生意，在针对一般民用猎枪开发猎杀驼鹿或麋鹿等大型偶蹄目鹿科动物的 .300 Winchester Magnum 子弹，这种子弹由于具备 1210 码的有效射程距离，以及 1000 码射程时享有 1 角分（7.62 NATO 子弹在 800m 时还能保有 1 角分已经相当不易）的精准度，另外在加上每秒 907m 的高初速，该弹药上市之后于 1990 年被美国军方相中并大受青睐；至于 .338 Lapua Magnum 的有效射程更是长达 1750m，在 1km 的距离还能击穿防弹背心，同样也变成狙击手的最爱。

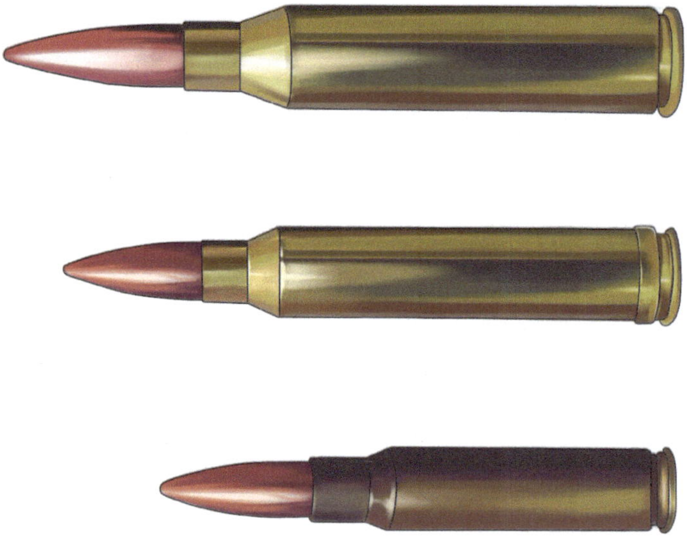

（3 种最常用的军用子弹：5.56 mm、7.62 mm 和 12.7mm）

当狙击手在战场中发现敌方重要物资或器材时，如秘密的车辆集中场、野战机场、野战油料 / 弹药库，甚至野战雷达站，或者上述区域已经遭敌方戒备时，狙击手得以大口径弹药，例如 12.7 × 99 mm NATO（.50 BMG）子弹、12.7 × 108mm 子弹、14.5 × 114 mm，甚至使用 20mm 炮弹弹药（例如芬兰的 L-39 反装甲半自动机炮与南非的 NTW-20 反装甲手动炮闩炮）加以击毁；大口径的弹药对于仅有轻度防护的车辆、器材甚至碉堡都具有击穿的能力，加上射程常以千米计算，使得敌人难以估计可能的发射位置进行反制，狙击手也有足够的时间进行脱离或寻找掩护，而且当物资与器材遭到破坏时的爆炸也不至于危害到狙击手自身的安全。

第 2 章

世界知名狙击步枪

狙击步枪的结构与普通步枪基本一致，区别在于枪管长、射程远，并多装有精确瞄准用的瞄准镜；枪管经过特别加工；射击时多以半自动方式或手动单发射击。狙击步枪的学名叫“高精度战术步枪”，最初的狙击步枪并非专门制造，而是在普通步枪中挑选精度相对较高的作为狙击步枪使用，并且最早的狙击步枪没有光学和其他辅助瞄准器具。普通步枪的射程一般在 400m 以内，而狙击步枪的射程一般在 800m 以上。狙击步枪以其特别高的射击精度被人称为“一枪夺命”的武器。

001 VSK-94 狙击步枪

▼VSK-94 狙击步枪弹匣细节图

VSK-94 狙击步枪基本参数	
全长:	932mm
总重:	2.8kg
口径:	9mm
枪机种类:	
	长行程导气式活塞，转栓式枪机
发射速率:	700~800rpm
有效射程:	50~400m
供弹方式:	20 发可拆卸式弹匣
瞄准具型式:	机械瞄具

VSK-94 狙击步枪

VSK-94 狙击步枪简介

▼VSK-94 狙击步枪瞄具细节图 1

VSK-94 是一支由 KBP 工具设计厂生产的轻型狙击步枪，发射 9mm×39mm 子弹，是 9A-91 的狙击步枪版本，可以用低成本来取代 VSSV intorez。VSK-94 的目的是要准确地射击 400m 距离内的所有目标。目前俄罗斯警察和多个执法机构正在使用。

▼VSK-94 狙击步枪瞄具细节图 2

▼VSK-94 狙击步枪枪托细节图

VSK-94 和 9A-91 一样是气动式操作、转拴式枪机的枪械。气动式操作类型是长行程活塞传动，而转拴式枪机有 4 个锁耳。VSK-94 的机匣采用低成本的金属冲压方式生产，以减少生产成本、所需的金属原料和生产所需的时间，且更容易进行维护及维修；而护木、手枪握把连装有后握把的枪托则改为较轻的聚合物制造。拉机柄就藏在机匣的右侧。充当快慢机的安全及发射选择杆位于机匣的左侧，略高于扳机护圈，并可以选择半自动和全自动射击。上翻式调节的金属机械照门只能令 VSK-94 攻击 200m 以内的目标，要利用机匣左方装上放大 4 倍的 PSO-1 光学瞄准镜才能射击 400m 以内的目标。

VSK-94 能安装高效消声器，大大减少了开枪时的声音，并且完全消除枪口火焰。在 50m 之外的距离，它的发射声音是无人能听见的。

对于 9mm×39mm 亚音速步枪子弹仍然有着比使用手枪子弹的冲锋枪和短枪管的卡宾枪（例如 AKS-74U 和 HK-53）更大的贯穿力和破坏力这种优势来说，令其有着远比冲锋枪和卡宾枪更高的作战优势。而 20 发可卸式弹匣可使用 SP-5 钢芯弹头、SP-6 穿甲弹头和 PAB-9 次音速弹头 3 种弹药，也令其在战术上有更大的弹性。

目前，VSK-94 被有限度地在俄罗斯境内各个执法部门内部使用。

M48 毛瑟步枪

M48 毛瑟步枪瞄具细节图 1

M48 毛瑟步枪基本参数	
全长:	1 105mm
枪管长:	597mm
总重:	3.9kg
口径:	7.92mm
枪机种类:	手动枪机
枪口初速:	760m/s
有效射程:	500m(使用瞄准镜 800m)
供弹方式:	5 发内置弹仓
瞄准具型式:	机械瞄具、瞄准镜

002 M48 毛瑟步枪

M48 毛瑟步枪简介

M48 毛瑟是前南斯拉夫仿制比利时 M24 毛瑟步枪（比利时版的 Kar98k）的产物。

▼M48 毛瑟步枪瞄具细节图 2

M48 毛瑟步枪虽然在外型上与 Kar98k 相似，而且其尺寸和性能与 Kar98k 基本相同，只是机匣略短，但许多零件是不能通用的（特别是枪机的部分）。

▼M48 毛瑟步枪枪身文字细节图

▼M48 毛瑟步枪完整图

在前南斯拉夫内战中，M48 通常会被民兵装上 ZRAK 4×32 瞄准镜并当成狙击步枪使用，而前南斯拉夫正规军则不常用。现在 M48 普遍外销到美国、加拿大及澳大利亚等国家。

M24 狙击步枪

▼M24 狙击步枪支架细节图

M24 狙击步枪基本参数	
全长：	1 092.2mm
枪管长：	609.6mm
总重：	5.5kg
口径：	7.62mm
枪机种类：	旋转后拉式枪机
枪口初速：	853m/s
有效射程：取决于子弹及瞄准镜的精确度	
供弹方式：	5 发内置弹仓或可拆卸式弹匣，10 发可拆卸式弹匣

M24 狙击步枪简介

M24狙击步枪(M24 SWS, Sniper Weapon System—狙击手武器系统)是雷明登700步枪的衍生型，提供给军队及警察使用，在1988年正式成为美国陆军的制式狙击步枪，以色列国防军(IDF)亦有装备。目前美国陆军正以半自动的M110狙击步枪逐步取代M24，但在2010年前它仍然是制式狙击步枪之一，其他剩余的M24将更换枪机和枪管，以配合.300温彻斯特－马格南弹药提供更远的射程。

▼M24 狙击步枪枪身细节图

▼M24 狙击步枪枪托细节图

美国海军陆战队也装备有雷明登700步枪的衍生型，命名为M40狙击步枪。M40和M24的主要区别是M24可发射较长的.300马格南弹，.300马格南火力及射程比7.62mm×51mm北约弹更大。由于M24套装配备瞄准镜及其他配件，所以命名为狙击手武器系统。

▼M24 狙击步枪瞄具细节图

▼M21 狙击步枪瞄具细节图 1

M21 狙击步枪基本参数	
全长：	1 118mm
枪管长：	560mm
总重：	5.27kg
口径：	7.62mm
枪机种类：	长行程导气式活塞
	转栓式枪机
枪口初速：	853m/s
有效射程：	690m
供弹方式：	5、10、20 发弹匣

004 M21 狙击步枪 Sniper rifle

M21 狙击步枪简介

▼M21 狙击步枪探照灯细节图

M21 狙击手武器系统是一支半自动狙击步枪，是在 M14 自动步枪的基础上改进研制的。美国陆军从 1969 年开始装备。

美军在越南战争时认为作战部队需要装备狙击步枪。结果 M14 自动步枪因为高精度、可靠及可短时间内再次射击（半自动，而非 M40 狙击步枪的旋转后拉式枪机）而被选来改装。1969 年，岩岛兵工厂（Rock Island Arsenal）把 1 435 支 M14 装上国际比赛级枪管、Leatherwood Adjustable Ranging Telescope（ART）9 倍瞄准镜、国际比赛级高精度子弹，成为 XM21。

直到 1975 年，XM21 正式命名为 M21（其实在 1969 年 12 月早已非正式命名为 M21）。美国陆军装备的 M21 狙击步枪直到 1988 年才被旋转后拉式枪机的 M24 狙击步枪替换。

▼M21 狙击步枪瞄具细节图 2

▼M21 狙击步枪枪身细节图

▼M25 狙击步枪瞄具细节图 1

M25 狙击步枪基本参数	
全长：	1 125mm
枪管长：	558.8mm
总重：	4.9kg
口径：	7.62mm
枪机种类：	长行程导气式活塞转栓式枪机
发射速率：	半自动
最大射程：	900m
供弹方式：	10、20 发弹匣
瞄准具型式：	B&L Tactical 10×40 瞄准镜

M25 狙击步枪简介

▼M25 狙击步枪完整图 1

XM25/M25 是 20 世纪 80 年代后期为美国陆军特种部队——第 10 特种小队（10th Special Forces Group）与海豹突击队以 M14 自动步枪为基础改进研制的。

目前，该枪只有美国陆军特种部队——第 10 特种小队（10th Special Forces Group）及海豹突击队使用。

▼M25 狙击步枪完整图 2

▼M25 狙击步枪枪口细节图

▼M25 狙击步枪瞄具细节图 2

斯泰尔斥候狙击步枪

▼斯泰尔斥候狙击步枪枪口细节图

斯泰尔斥候狙击步枪基本参数	
全长：	1 039mm
枪管长：	415mm
总重：	3.3kg
口径：	5.56mm
枪机种类：	旋转后拉式枪机
供弹方式：.376 口径型为 4、8 发弹匣	
	其他为 5、10 发弹匣
瞄准具型式：瞄准镜，鬼环式机械瞄具	

斯泰尔斥候狙击步枪

斯泰尔斥候狙击步枪简介

▼斯泰尔斥候狙击步枪枪托细节图

▼斯泰尔斥候狙击步枪枪膛细节图

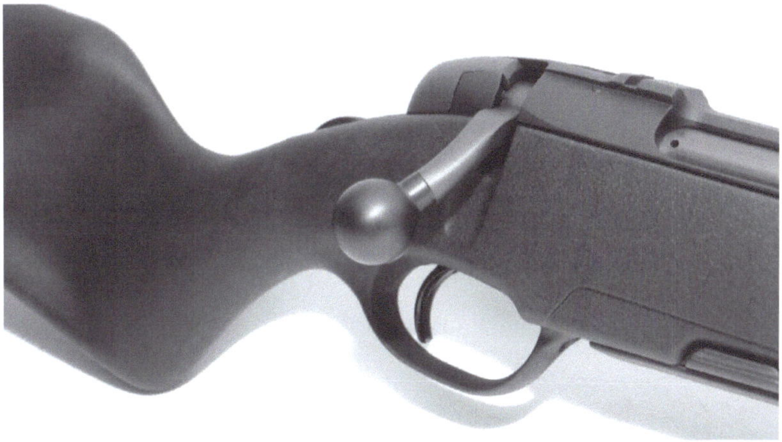

斯泰尔斥候狙击步枪(Steyr Scout，或称斥候步枪、战术侦察步枪）是一款由奥地利斯泰尔公司通过美国海军陆战队退役军人杰夫•库珀斯的斥候步枪概念研发的步枪。斥候步枪的定义为一款重量轻而且要轻易击中远在300~400m目标的狙击步枪。最后斯泰尔公司成功研发出这款武器，并在武器上采用了他们独自设计的安全枪机。由于精确度及可靠性高的关系，斥候步枪被广泛地用在射击比赛以及狩猎活动中，但并不太适合作为军事用途，所以在军用及警用市场中并没有获得很多的订单。尽管如此，这款武器曾在科索沃战争中少量使用，也装备在少数国家的特警队以及特种部队中。

斯泰尔斥候狙击步枪为一款手动枪机式通用狙击步枪，采用的枪机为斯泰尔公司研制的安全枪机。由于全枪均以大量的聚合物材料制成，枪管是锤锻式的，因而使斥候步枪显得相当轻巧，并能让用户方便携带。此枪可采用多种弹药，包括7.62×51 NATO（.308温彻斯特）、5.56×45 NATO（.223雷明登）、.243温彻斯特、.376斯泰尔和7mm-08雷明登。本枪一般以5发或10发容量的弹匣供弹（.376口径型则为4发或8发），备用弹匣可存放于枪托内。其机匣顶部附有皮卡汀尼导轨，可供用户装上各种瞄准镜（有别于一般的狙击步枪，斥候步枪的瞄准镜是在较前的位置安装的），在护木下也具有整合式两脚架。若瞄准镜遭到破坏，枪上的可折叠式鬼环式机械瞄具能够做应急之用。滚轮式安全装置中具有“锁定”、“装填”及“待发”3种模式。另外，枪上有3个扣环可供用户装上枪带。

▼斯泰尔斥候狙击步枪支架细节图

精密国际 AW 狙击步枪

▼精密国际 AW 狙击步枪导轨细节图

精密国际 AW 狙击步枪基本参数	
全长：	1 039mm
枪管长：	415mm
总重：	3.3kg
口径：	5.56mm
枪机种类：	旋转后拉式枪机
供弹方式：	.376 口径型为 4、8 发弹匣 其他为 5、10 发弹匣
瞄准具型式：	瞄准镜，鬼环式机械瞄具

精密国际 AW 狙击步枪

精密国际 AW 狙击步枪简介

精密国际AW狙击步枪（Arctic Warfare，北极作战）是英国精密国际公司所设计和制造的。自从1980年问世至今，该枪在平民、警察和军队中的使用均很普及。

为取代已过时的李-恩菲尔德狙击步枪（L42A1），英国于1982年为新的狙击手武器系统招标。在最终的筛选中，精密国际公司的PM步枪淘汰了帕克-黑尔公司（Parker-Hale）的M85步枪，被英国军方正式列装，代号为L96A1。

1983年，瑞典也开始选择新型狙击步枪，他们选了精密国际的PM步枪升级版，即Arctic Warfare（简称AW），瑞典国防军将其命名为PSG 90，而AW这个名字也开始成为精密国际步枪系列的专用名称。

▼精密国际 AW 狙击步枪枪膛细节图

▼精密国际 AW 狙击步枪枪托细节图

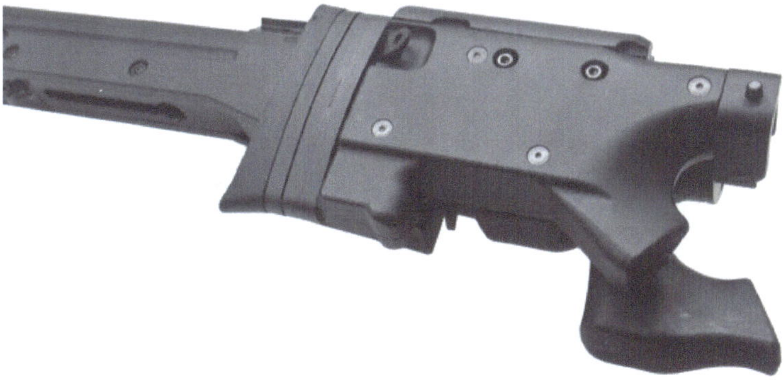

▼精密国际 AW 狙击步枪瞄具细节图

大多数的AW步枪使用7.62mm×51mmNATO步枪子弹，但部分也可使用5.56mm×45mmNATO步枪子弹、马格南子弹（7mm雷明顿-马格南、.300温彻斯特-马格南和.338拉普-马格南），甚至12.7mm×99mm NATO（.50 BMG）。其标准配置包含瞄准镜和用于减少后坐力的枪口制退器。AW步枪在多个国家中都有列装，如英国、澳大利亚、德国、荷兰、俄罗斯、新加坡和瑞典。

每个国家列装的AW步枪稍有不同，以瑞典的PSG-90为例，它使用钨合金脱壳穿甲弹，瞄准镜也和L96A1不同。德军则选用发射.300温彻斯特-马格南、具备折叠枪托的AW版本。该步枪使用德国蔡司公司生产的瞄准镜，军方代号为G22（Scharfschützengewehr 22）。

M110 狙击步枪

▼M110 狙击步枪弹匣细节图

M110 狙击步枪基本参数	
全长（不含消声器）:	1 029mm
枪管长:	508mm
总重:	6.94kg
口径:	7.62mm
枪机种类:	直接导气式、转栓式枪机
枪口初速:	783m/s
有效射程:	800~1 000m
供弹方式:	10 或 20 发弹匣
瞄准具型式:	瞄准镜折合式
	后备机械照门 / 准星

M110 狙击步枪简介

M110 狙击步枪是美国奈特军械公司（KAC）推出的，现装备美国陆军。2008 年 6 月 12 日，M110 SASS 成为“2007 年美国陆军十大发明”之一。

▼M110 狙击步枪枪管细节图

▼M110 狙击步枪握把细节图

M110 SASS 的开发目的是为了替换美国陆军狙击手、观察手、指定射手及班组精确射手的 M24 狙击步枪，美国陆军在提交计划后邀请多家公司参与，包括 KAC 和雷明登 /DPMS 合伙公司，结果 KAC 在 2005 年 9 月 28 日胜出，并正式定名该枪为 M110 半自动狙击手系统（在测试时名为 XM110）。2007 年 4 月，驻守阿富汗的美国陆军 Fury 特遣队成为首个使用 M110 SASS 作战的部队。

M110 SASS 由位于佛罗里达州泰特斯维尔的 KAC 设计及生产，KAC 把 M110 SASS 定名为 SR-M110 SASS，整个套装包括 Leupold 3.5-10 倍瞄准镜、便携式枪袋、Harris 可拆式两脚架、背带、AN/PVS-14 夜视镜、快拆式消声器、数个 20 发弹匣和 PAL 专用弹匣袋及硬式储藏箱一个。

M110 SASS 的弹匣释放钮、保险制、拉机柄两面皆可操作。SR-25、Mk 11 Mod 0 和 M110 SASS 皆改良自尤金•斯通纳在 1950 年设计的 AR-10，而 M110 SASS 改良自 SR-25，因此设计上与 SR-25 及 Mk 11 Mod 0 半自动狙击步枪十分相似，但枪托及导轨系统有所改良，KAC 也有将 AR-15/M16 的一些通用部件改良至 SR-25 系列内，以提高可靠性和准确度。

▼M110 狙击步枪枪托细节图

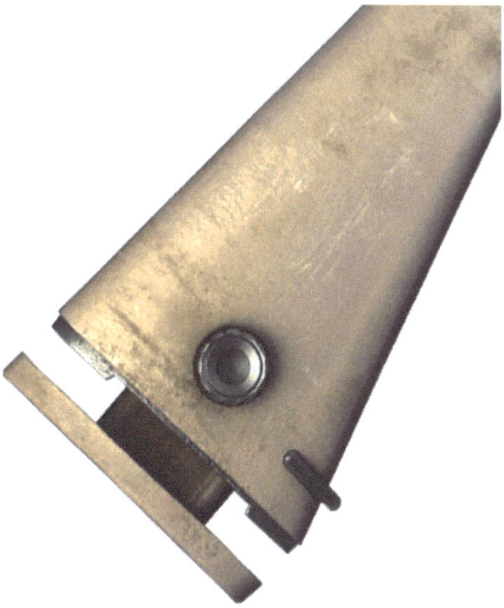

HK PSG1 狙击步枪

▼HK PSG1 狙击步枪枪托细节图

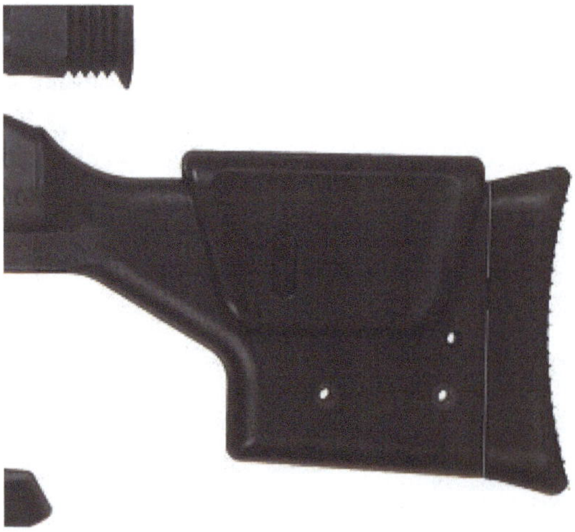

HK PSG1 狙击步枪基本参数	
全长：	1 200mm
枪管长：	650mm
总重：	8.1kg
口径：	7.62mm
枪机种类：	滚轮延迟反冲式
枪口初速：	868m/s
有效射程：	1 000m
供弹方式：	5 或 20 发可拆卸式弹匣
瞄准具型式：	Hendsoldt 6×42mm 望远式瞄准镜

HK PSG1 狙击步枪简介

▼HK PSG1 狙击步枪瞄具细节图

PSG-1 是由黑克勒－科赫公司生产的一种半自动狙击步枪。

据说此枪是出于对 1972 年夏季奥运会慕尼黑惨案的回应而研发的。当时的西德警察无法迅速与恐怖分子交战。黑克勒－科赫公司自此后受委托研发一种高精度、大容量弹匣，适合警用的半自动步枪。

PSG-1 因其可靠性和良好的表现受到广泛赞誉，通常和精锐狙击作战单位联系在一起。但由于此枪费用高昂（每支 12 000 美元）和美国政府的进口限制，截止到 2005 年底此枪在美国的数量不超过 400 支，而且其中绝大部分为私人收藏家所拥有。

因此，与大众所设想的正好相反，只有很少的执法机构使用 PSG-1。

▼HK PSG1 狙击步枪枪管细节图

PSG-1 狙击步枪在机械上基于 HK G3，并且具有一个低噪音的助推器（类似于之前用于 M16A1/A2/A3/A4 上的复进助推器）。PSG-1 的预期精确度小于一个角分，并被认为是最精确的半自动狙击步枪之一。该枪能在 300m 的距离上连续将 50 发子弹打入一个直径为 8cm 的圆圈。

所有的 PSG-1 狙击步枪都没有机械瞄具，而是装备有照明分划板的 Hensoldt 6×42 瞄准镜，浮动重型枪管和可调节枪托。PSG-1 的枪托由高密塑料制成，为黑色粗糙表面，并且可以调向任何角度，以适合所有使用者的需要。它可以调整长度、可旋尾盖（pivoting butt cap）和调节托腮板的高低。前端还装了一个 T 形槽以配合旋转挂带（sling swivel）或三脚架。该步枪还有一个可以拆卸调整的扳机部件，可以令使用者更易适应该枪。其扳机的行程可以调整，也可以从扳机护圈中拆下。

PSG-1 狙击步枪的另一个独特之处在于子弹击发之后，弹壳弹出的力量相当大，据说可以弹出 10m 远。虽然对于警方的狙击手来说不是问题，但却在很大程度上限制了其在军队的使用，因为这很容易暴露狙击手的位置，在清扫使用地点的时候黄铜弹壳也很难被找到。

巴雷特 M82 狙击步枪

▼巴雷特 M82 狙击步枪弹匣细节图

巴雷特 M82 狙击步枪基本参数	
全长：	1 150mm
枪管长：	508mm
总重：	14kg
口径：	12.7mm
枪机种类：	短行程活塞传动
枪口初速：	853m/s
有效射程：	1 850m
供弹方式：	10 发弹匣
瞄准具型式：	机匣顶部的战术导轨上
	安装瞄准镜或夜视镜

巴雷特 M82 狙击步枪

巴雷特 M82 狙击步枪简介

▼巴雷特 M82 狙击步枪枪身细节图

巴雷特 M82 狙击步枪（Barrett M82）是由美国巴雷特研发生产的重型 SASR（Special Application Scoped Rifle，特殊用途狙击步枪），M82 几乎在主要西方国家的军队中都有使用，包括美军特种部队。美军昵称它为“轻 50”，因为其使用勃朗宁 M2 重机枪的大口径 12.7×99 NATO（.50 BMG，12.7mm）弹药。此枪有两种衍生型，即原本的 M82A1（A3）和采用无托结构设计以便于携带的 M82A2，随后的 XM500 也继承它的设计精神，使用了无托结构设计。

巴雷特 M82 狙击步枪是气动式半自动枪械，当击发时枪管短距缩回（约 25mm）后由回转式枪机安全锁住。短暂后退后，枪栓被推入弯曲轨再扭转把枪管解锁。当栓机解锁，枪机拉臂瞬间退回，枪管转移后坐力的动作完成循环。之后枪管固定且栓机弹回，弹出弹壳。当撞针归位，枪机从弹匣引出一颗子弹并送进膛室对准枪管，扳机弹回到撞针后方位置。此枪的弹匣一次可装 10 发，虽然也有 12 发的弹匣，但是第一次海湾战争后就没有生产了。

▼巴雷特 M82 狙击步枪握把细节图

膛室分两个部分（上部和下部），以薄钢板冲压而成再用十字栓固定。枪管有凹孔可增加散热和减重，还装有大而有效的枪口制动器。早期的枪口制动器是圆柱箭头形，新的 M82 装有双膛直角箭头形（V 形）制动器。这种制动器减少了接近 70% 的后坐力，其缺陷是每发射一发枪弹时，从制退器喷出的火药气体都会在射手附近卷起大量的尘土。

M82A1 狙击步枪可使用瞄准镜和折叠式准星来瞄准，以备瞄准镜损坏时还能使用。美军的巴雷特 M82 狙击步枪通常装备 Leupold Mark 4 望远瞄准镜，而 M82A1M（海军陆战队 M82A3）有长型战术导轨和美军光学望远镜，所以可用更多的瞄准配件。所有的 M82 都有可折叠式提把和两脚架（M82A3 中两者可以拆下）。M82A3 有分离式枪托，枪托内有柔软填充物和特种橡胶后座垫，可以抵销射击后坐力，据说后坐力比 12mm 口径霰弹和 7.62mm 口径的步枪更小。M82A1 和 M82A3 能装于 M3 或 M122 三脚架（机枪用的）或是一些载具车辆上的“巴雷特软拖架”。M82A1 有折叠式准星，然而实战中 M82 很难用传统准星瞄准，因为重量和长度都太大。

M82A2 不同于 M82A1 的地方大多数在于结构：握把和扳机在弹匣之前，枪托提前到膛室后面一点处，几乎靠近弹匣。外加的前握把在靠近枪管的下方，瞄准镜也往前移了一段距离。

精密国际 AW50 狙击步枪

▼精密国际 AW50 狙击步枪支架细节图

精密国际 AW50 狙击步枪基本参数	
全长:	1 170mm
枪管长:	686mm
总重:	13.5kg
口径:	12.7mm
枪机种类:	旋转后拉式枪机
枪口初速:	936m/s
有效射程:	1 500~2 000m
供弹方式:	5 发可拆卸式弹匣
瞄准具型式:	可分离式铁质准心

精密国际 AW50 狙击步枪

精密国际 AW50 狙击步枪简介

精密国际AW50(Accuracy International Arctic Warfare 50)为英国精密国际生产的北极作战(Arctic Warfare) 系列的重型狙击步枪（反器材步枪），为 AW 的改进型，发射 12.7mm×99mm（.50 BMG）北约口径制式步枪子弹。

▼精密国际 AW50 狙击步枪枪口细节图

▼精密国际 AW50 狙击步枪瞄具细节图

该枪是一支远程精确手动式狙击步枪，是为了摧毁多种目标而设计的，包括雷达装置、轻型汽车（包括轻型装甲车）、野战工事、船只、弹药库和油库。其标准子弹在一发以内结合了贯穿、高爆和燃烧等效果。

该枪可以说是 AW（L96A1）的大型化版本。AW50 步枪连同两脚架重为 15kg，重量大约是一支典型突击步枪的 4 倍。而 NM140.50 口径子弹也是非常重的，这是一把非常重的武器。然而，正是因为加上枪口前端的制动器（早期型为圆筒结构，后期型为双室式结构）、枪托内部的液压缓冲系统和橡胶制造的枪托底板，使该枪的后坐力相对较低，并大大提高了其准确性。

精密国际 AW50 狙击步枪的枪管采用比赛等级高强度低膨胀系数的不锈钢所制造，整体为自由浮动式设计。在与机匣相连接的位置，枪管通过紧密的螺纹深入机匣约 39mm，而且两者保持极小的装配公差，与机匣连接紧密，有利于提高射击精度。同时枪管外侧还开有多道凹槽，在枪管外缘切割了多条和枪管长轴平行的沟槽。这样既提高了枪管本身的坚固度，也利于散热以及降低枪管和全枪重量。

早期型的枪口制退器为圆筒结构，后期型则改为双室式结构，但其主要安装目的都是提高在射击时火药燃气向后的喷射量，有效地减少射击时的后坐力，并同时非常显著地抑制枪口焰和尘土卷起。

当需要使用可选配的消声器时，其枪口制退器可从枪口上拆卸下来，并且换上消声器。

AW50 狙击步枪具有 914.4m（1 000 码，3 000 英尺）距离达到 1 角分的精度。

精密国际 AS50 狙击步枪

▼精密国际 AS50 狙击步枪枪托细节图

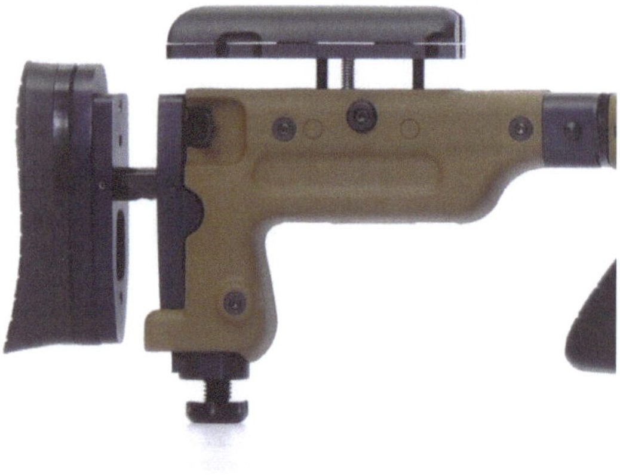

精密国际 AS50 狙击步枪基本参数	
全长:	1 369.06mm
枪管长:	692mm
总重:	12.25kg
口径:	12.7mm
枪机种类:	气动式 / 半自动
发射速率:	半自动，估计为 5 发 /1.3 秒
有效射程:	1 000~1 500m
供弹方式:	5、10 发可拆卸式弹匣

精密国际 AS50 狙击步枪

精密国际 AS50 狙击步枪简介

精密国际 AS50 为英国精密国际生产的一支重型半自动狙击步枪（反器材步枪），发射 12.7mm×99mm（.50 BMG）北约口径制式步枪子弹。

▼精密国际 AS50 狙击步枪瞄具细节图

精密国际 AS50 狙击步枪由英国精密国际开发，专门为特种作战使用，以打击敌方物资和无装甲或轻装甲作战装备的敌人。它在 2005 年 1 月的美国拉斯维加斯 SHOT Show 中首次公开展示，目前正被美国特种作战司令部的多个特种部队测试。

▼精密国际 AS50 狙击步枪枪口细节图

精密国际 AS50 狙击步枪使操作者能够使用具有高精度爆炸或燃烧性能的弹药对远距离目标进行狙击。该枪采用了气动式半自动枪机和枪口制退器，令该枪发射时能感受到的后坐力比 AW50 手动枪机狙击步枪低，并能够更快地狙击下一个目标。精密国际 AS50 狙击步枪有很高的可运输性，符合人体工程学和轻便等优点。它可以在不需要任何工具（例如螺丝起子）的协助下在三分钟之内做不完全分解或重新组装。

精密国际 AS50 狙击步枪具有 1.5 角分的精度，枪管为自由浮动式，并以螺丝和箍装上枪口制退器。其安装了一条不可移除的全长式战术配件导轨，以便安装日间 / 夜间光学狙击镜或夜视镜，例如德国施密特－本德尔（Schmidt & Bender）警用神枪手二型（Police Marksman II，PM II）3-12×50 可变倍率光学狙击镜或是 Leupold Mark 4 Ultra 系列 10 倍光学狙击镜。另外，两条较短的导轨安装在护木的两侧，可以安装战术灯或雷射瞄准器。枪上具有两脚架，腿架长度可调，位于步枪重心前方，能迅速地转移目标，不使用时可以折叠或快速拆卸。其后脚架 / 后握把也用于提高在地面上的稳定性，或是让使用者紧握以分散更多的后坐力，不使用时可以折叠起来。这支武器可以对超过 1 500m（1 640.42 码，4 921.26 英尺）距离的目标进行精确狙击。

精密国际 AS50 狙击步枪在没有瞄准镜等战术配件和连装填 5 发 12.7mm×99mm（.50 BMG）北约口径制式步枪子弹的可拆卸式弹匣的重量为 14.1kg（31.09 磅）。

013 精密国际 AX338 狙击步枪

▼精密国际 AX338 狙击步枪枪托细节图

精密国际 AX338 狙击步枪基本参数	
全长：	1 249.68mm
枪管长：	685.8mm
总重：	7.8kg
口径：	8.59mm
枪机种类：	旋转后拉式枪机
供弹方式：	10 发可拆卸式双排钢制弹匣
瞄准具型式：	机匣顶部的 MIL-STD-1913 战术导轨上安装日间／夜间望远式狙击镜、光学瞄准镜、红点镜／反射式瞄准镜、全息瞄准镜、夜视仪、热成像仪或后备机械瞄具

精密国际 AX338 狙击步枪

精密国际 AX338 狙击步枪简介

▼精密国际 AX338 狙击步枪消焰器细节图

精密国际 AX338 是英国精密国际生产的远距离、大威力超级马格南口径重型狙击步枪，为精密国际 AX 狙击步枪系列的枪械之一，在 2010 年 1 月位于美国内华达州拉斯维加斯举办的 SHOT Show 上首次推出。

精密国际 AX338 狙击步枪发射 .338 拉普 - 马格南（.338 Lapua，8.6mm×70mm 或 8.58mm×70mm）步枪子弹，使用的各个零部件都有其特定的尺寸，除此以外不能够与 AW 步枪系列的各个零部件作互换使用（就算是相同口径也不能）。该枪在设计上是作为一支模块化多种口径步枪，这意味着它可以通过转换枪机、弹匣和枪管，将口径由 .338 拉普 - 马格南改为 .300 温彻斯特 - 马格南（.300 Win Mag，7.62mm×67mm）和 7.62mm×51mm 北约 / .308 Winchester 口径。

精密国际 AX338 狙击步枪是一个以精密国际 AWSM 为蓝本的重大设计演化的衍生型。

▼精密国际 AX338 狙击步枪瞄具细节图

与精密国际 AWSM 相比，精密国际 AX338 狙击步枪的旋转后拉式枪机更长、更宽，弹匣内部空间的长度加长，可以让任何在 CIP 的最大允许总长度 93.50mm（3.681in）以内未损毁的 .338 拉普 - 马格南子弹都装填于弹匣内。

精密国际 AX338 狙击步枪的枪机体直径为 22mm（0.87in），而枪机主体、枪机头、闭锁环和枪管卡榫都被明显地构建成更大强度以及能够承受更高的膛压和温度。因而与精密国际 AWSM 相比，AX338 具有较高的枪机推力安全性。枪机的构建有着明显的修改，可以允许简单的手工工具将枪机头从枪机体上拆除。枪机的内部也新增了一个全新的保险功能，能够防止步枪在枪机闭锁不完全时射击。一种改进自 AW 7.62 风格的板簧式抽壳钩可以增强枪机操作循环时候的可靠性，这个抽壳钩零件可以从枪机上移除，并可在以子弹头为工具的协助下重新装上枪机。

沙科 TRG 狙击步枪

▼沙科 TRG 狙击步枪枪托细节图 1

沙科 TRG 狙击步枪基本参数	
全长:	1 000mm
枪管长:	510mm
总重:	4.7kg
口径:	7.62mm
枪机种类:	旋转后拉式枪机
有效射程:	800m
供弹方式:	10 发可拆卸式弹匣
瞄准具型式:	后备机械瞄具

沙科 TRG 狙击步枪简介

沙科 TRG 是一支由位于芬兰里希迈基的枪械制造商沙科公司研制的手动狙击步枪。TRG-22 发射 .260 雷明登和标准型 .308 温彻斯特弹药，而 TRG-42 装有较大型的枪机和枪管作为标准组件，以发射火力和射程都更强大的 .300 温彻斯特 - 马格南(.300 Winchester Magnum, 7.62mm×67mm)和 .338 拉普 - 马格南（.338 Lapua Magnum, 8.6mm×70mm 或 8.58mm×70mm）弹药。沙科 TRG 狙击步枪可以选择单调的橄榄色、土黄色、沙色或黑色固定枪托，也可以选择折叠枪托。

沙科 TRG 的枪口通常装有枪口制退器，以减少后坐力、枪口上扬和枪口焰。沙科公司原厂生产的 TRG 狙击步枪是往两侧排气和可拆卸的。一般而言，TRG 都会配备一个施密特 - 本德尔警用神枪手二型固定放大倍率或可变倍率光学狙击镜。如果使用者希望有更多的灵活性，必须在不同的距离或是宽阔的视场内进行射击，就可以使用可变倍率光学狙击镜。

▼沙科 TRG 狙击步枪枪托细节图 2

沙科从来没有忘记 TRG 系统是由打靶步枪改进而成的，所需装上的瞄准用途配件，例如比赛等级觇孔式照门或打靶型觇孔式照门（装在枪口制退器后方）和防止海市蜃楼的长布带（防止枪管在暴晒下发热产生的上升热气导致狙击镜产生虚像），更是一应俱全。配备这些配件的 TRG 步枪可用于非军事或执法类的任务，例如 300m 竞赛或其他种类的全口径打靶射击。TRG 步枪在长射程竞赛上十分常见，而且其射击表现非常好。

TRG 系统的设计目的就是为了提高在恶劣环境下的可靠性和一致的精度性能（一名有能力的射手搭配有一致的精度与适当的弹药可以达到预计等于或少于 0.5MOA 的精度），这使它成为一种很流行、很常见的狙击平台，尽管其价格不菲。

TRG 系统的核心就是以冷锤锻造的机匣和枪管，两者都为 TRG 系统提供了最大的强度、最低的重量以及良好的耐磨性。圆筒形“无阻力”枪机上具有内置式抛壳顶杆和 3 个大型锁耳（Lug），枪机开锁及闭锁时只需要 60° 旋转，短枪机型的枪机行程是 98mm（3.86in），而长枪机型的枪机行程则是 118mm（4.65in），这些特点深受需要对目标（不论是一个还是多个）快速射击的射手所欢迎。其拉机柄的长度适中并且在末端装了一个大型合成球根状把手，使得拉机柄坚固和可靠。除此之外，机匣顶部装有一条内置的一连串钻孔形状的 17mm（0.67in）楔形导轨，以固定安装战术配件，以适应不同类型的光学狙击镜、夜视仪、热成像仪或光学电子瞄准镜。TRG 也装有折叠式机械瞄具，可以在次要情况或紧急情况下使用。

其机匣的大型座床表面以 3 根螺钉与铝合金制造的座床块连接，以达到最大的稳定性，这样的组合也确保了它有着非常高的稳定度。

▼SVD 狙击步枪枪托细节图

SVD 狙击步枪基本参数	
全长:	1 225mm
枪管长:	620mm
总重:	4.31kg
口径:	7.62mm
枪机种类:	短行程导气式活塞、栓式枪机
枪口初速:	800~830m/s
有效射程:	800m
最大射程:	3 000m
供弹方式:	可拆卸 10 发装弹匣
瞄准具型式:	瞄准镜和铁制传统照门

SVD 狙击步枪简介

SVD 狙击步枪瞄具细节图

SVD 狙击步枪是由前苏联的叶夫根尼•费奥多罗维奇•德拉贡诺夫在 1958—1963 年间设计的一种半自动狙击步枪，也是现代第一支为支援班排级狙击与长距离火力支援用途专门制造的狙击步枪。

但因为该枪是以 20 世纪 50 年代的经验开发，要求狙击步枪在精度、射速、重量、可靠、低价等各个方面平衡，而且当时还没有一些最新的制枪技术。以当代标准反恐作战需求来说它已开始过时了，常被认为只是特等射手步枪。

为了应付不同的任务需要，现在俄罗斯开始以各种不同的新型狙击步枪代替单一的 SVD 狙击步枪，如使用同弹种但精度更高的手动 SV-98 狙击步枪，远距离狙击或对装甲目标可用 OSV-96 狙击步枪，近距离有 SV-99 狙击步枪，在有必要隐藏射手时可使用 VSS Vintorez 狙击步枪取代 SVD 狙击步枪。俄罗斯还正开发一种可以发射 8.6mm 拉普马格南子弹的新型狙击步枪，以弥补 SVD/SV98 和 OSV-96 间的火力空白。但对于游击战和战场前线的任务，考虑目标可能随时出现和移动并隐藏的狙击需要，由于 SVD 作为半自动步枪射速较高，且又有近似手动步枪的可靠性，SVD 狙击步枪仍然是评价极高的枪型。

20 世纪 50 年代，苏军高层注意到 PU M1891/30 步枪对于班排级精确狙击与支援的需要越来越力不从心，于是从 1958 年起举办了一场武器设计的竞赛。我们可以说 SVD 狙击步枪是亚历山大•康士坦禔诺夫（Alexander Konstantinov）与叶夫根尼•费奥多罗维奇•德拉贡诺夫（Yevgeny Fyodorovich Dragunov）竞争之后的结果。1963 年结果定案之后，第一批预产的 200 支 SVD 步枪先行分发，1964 年开始在伊热夫斯克的伊茨玛希（Izhmash，专门生产 AK-47、中型火炮、导弹、导引炮弹以及汽机车）机械场开始量产。

从此 SVD 狙击步枪及其几种改良型于 1966 年起成为东方集团武装力量的标准配备，例如华沙公约组织以及波兰，其他获得授权生产的国家还有伊拉克（Al Kadesiah 狙击步枪），中国大陆在 1979 年对越自卫还击作战中缴获 SVD 狙击步枪后，以此为样本仿制出自己的 79 式与 85 式狙击步枪。

SV-98 狙击步枪

▼SV-98 狙击步枪枪托细节图

SV-98 狙击步枪基本参数	
全长:	1 200mm
枪管长:	650mm
总重:	5.8kg
口径:	7.62mm
枪机种类:	旋转后拉式枪机
枪口初速:	820m/s
有效射程:	1 000m
供弹方式:	10 发可拆卸式双排弹匣
瞄准具型式:	后备机械瞄具

SV-98 狙击步枪

SV-98 狙击步枪简介

▼SV-98 狙击步枪枪管细节图

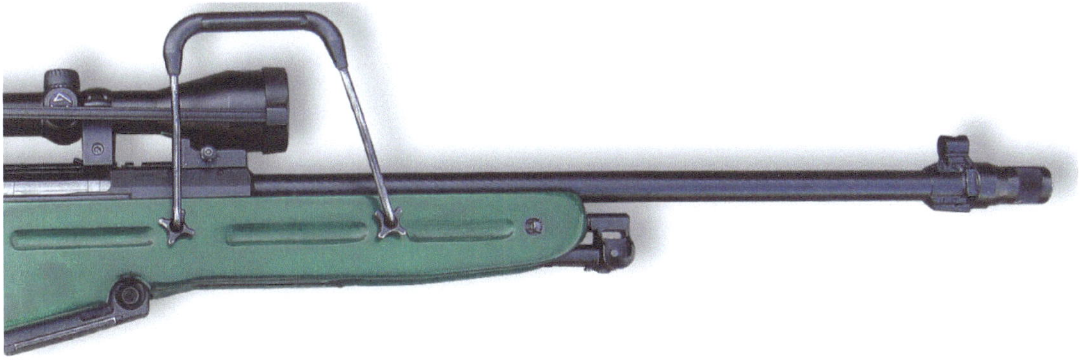

SV-98 是一支由俄罗斯的枪械设计师弗拉基米尔•斯朗斯尔研制、伊茨玛希工厂生产的手动狙击步枪，发射标准型 .308 温彻斯特（7.62mm×51mm 北约口径）和 7.62×54R 步枪弹药。2003 年，俄罗斯特种作战部队装备的 7.62mm6S11 狙击系统中包括了 SV-98 狙击步枪和 7N14 狙击增强型穿甲弹。该步枪已经在车臣的战斗行动中使用。

▼SV-98 狙击步枪枪身细节图

俄罗斯军队装备从前苏联军队时代至今的 SVD 系列已有多年。虽然 SVD 狙击步枪有重量轻、坚固耐用的优点，作为战术支援武器来说颇为有效，但毕竟 SVD 是以专为装备至前线部队的每个排的特等射手为前提设计的，并且由原来的 AK-47 突击步枪的结构改进而成，例如原来的基础上并没有考虑使用两脚架等辅助配件，因而在中远距离上的精度差，不适合远距离的精确射击，也不适宜应对人质劫持之类的任务。由于有需要开发新型远程精确狙击步枪的需求，伊茨玛希工厂的枪械设计师弗拉基米尔•斯朗斯尔在 1998 年设计了一种手动狙击步枪——SV-98。

SV-98 狙击步枪是由伊茨玛希工厂以其研制及生产的 Record 系列打靶步枪 300m（328.08 码）全口径运动射击用途步枪（指的是 Record-CISM，该枪械主要用于比赛）为蓝本研制的。伊茨玛希工厂还生产了类似于 SV-98 的 .308 温彻斯特（7.62mm×51mm 北约口径）、7.62×54R 和 .338 拉普 - 马格南口径 Record 打靶步枪。

SV-98 狙击步枪的制造商指出，其设计是用于攻击 1 000m（1 093.61 码）范围以内的任何目标。

017 雷明登 700 狙击步枪

▼雷明登 700 狙击步枪枪托细节图

雷明登 700 狙击步枪基本参数	
全长：	1 055mm
枪管长：	558mm
总重：	3.06kg
口径：	7.62mm
枪机种类：	旋转后拉式枪机
	双锁耳滚转式枪机
供弹方式：	3、4、5、6 发内置式弹仓
瞄准具型式：	多种光学瞄准镜

雷明登 700 狙击步枪

雷明登 700 狙击步枪简介

雷明登 700 狙击步枪（Remington 700）系列是由雷明登武器公司开发及生产的。

▼雷明登 700 狙击步枪瞄具细节图

雷明登武器公司于 1962 年推出雷明登700狙击步枪，采用旋转后拉式枪机、中置弹仓供弹（有 3、4、5 发弹仓版本），可装上不同的瞄准镜及多种枪托，部分版本更可装上两脚架及可拆式弹仓。

▼雷明登 700 狙击步枪支架细节图

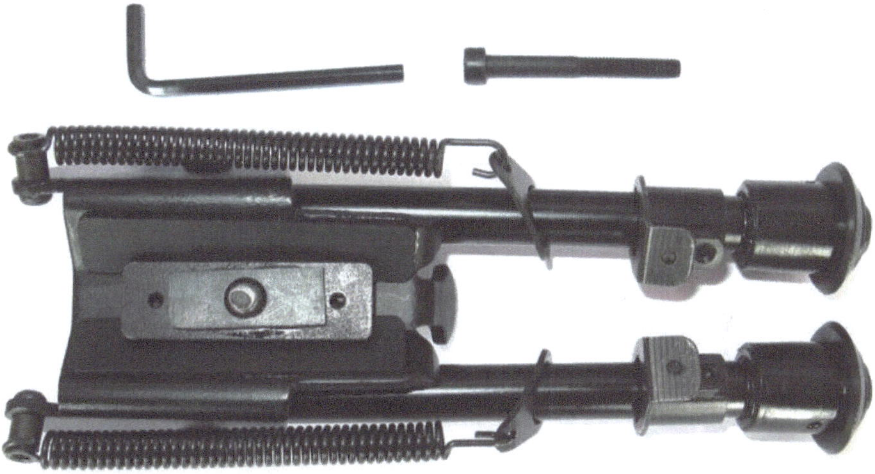

美国陆军的 M24 狙击步枪及美国海军陆战队的 M40 狙击步枪是基于雷明登 700 开发的衍生型，美国境内 90% 的警察狙击手采用雷明登 700PSS 作为狙击武器。

雷明登武器公司为了向军用市场及执法部门推广 700 步枪系列，推出军用雷明登及执法部门雷明登专有产品线，其中，著名的 700P 狙击步枪就是专为军队及警队开发的，而 M24 和 M40 是 700P 的重枪管版本。

700P 狙击步枪有两种主要型号，即标准型 700P 和 700P 轻型战术步枪，皆配备瞄准镜、两脚架、其他配件及携带箱，又名战术武器系统套装。

很多民间射手改装自己的 700 狙击步枪使其类似美国海军陆战队的 M40 狙击步枪，包括换装枪托及瞄准镜。

▼雷明登 700 狙击步枪枪管细节图

M40 狙击步枪

▼M40 狙击步枪枪膛细节图

M40 狙击步枪基本参数	
全长:	1 117mm
枪管长:	参照各种型号对照
总重:	6.57kg
口径:	7.62mm
枪机种类:	旋转后拉式枪机
发射速率:	单发
枪口初速:	2 800尺/秒
有效射程:	900m
最大射程:	1 370m

M40 狙击步枪简介

▼M40 狙击步枪瞄具细节图

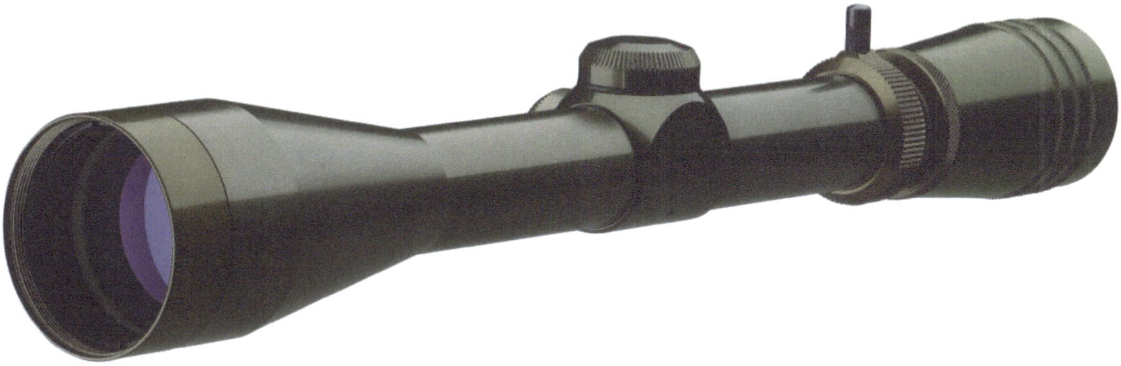

M40 狙击步枪是雷明登 700 步枪的衍生型之一。从 1966 年越战开始装备美国海军陆战队，它也是其制式狙击步枪。M40 有 4 种改进型，即 1977 年的 M40A1、1980 年的 M40A1、2001 年的 M40A3 及 2009 年的 M40A5。

美国海军陆战队的 M40A1 正以更换枪管、枪托及其他零件的方式陆续换装成新型的 M40A3。

原型的 M40 狙击步枪是军用版本的雷明登 700 步枪，一体式木制枪托及其他所有零件皆由雷明登武器公司制造，而 M40A1 及 A3 的枪托改用玻璃纤维，1980 年的 A1 及 A3 换装新型瞄准镜。

▼M40 狙击步枪扳机细节图

▼M40 狙击步枪枪托细节图

越南战争期间，美国海军陆战队表示需要一种正规的新式狙击步枪。经过测试后，1966 年 4 月 7 日决定采用雷明登 700/40x 旋转后拉式枪机步枪（雷明登 700 的靶枪版本）作为制式狙击步枪，命名为 M40。原型的 M40 全部装有雷菲尔德（Redfield）3-9 瞄准镜，但瞄准镜及木制枪托在越南战场炎热、潮湿的环境下出现了受潮膨胀等严重问题，以至于无法使用。结果在 1970 年，M40 被更新成 M40A1，以麦克米兰的玻璃纤维枪托及 Unertl 瞄准镜替代。

美国陆军也有装备衍生自雷明登 700/40x 的步枪作为 M24 狙击手武器系统。陆军版的 M24 与海军陆战队的 M40 主要区别是 M40 的枪机座较短，只能发射 7.62×51 NATO、.308 温彻斯特子弹、7mm/08 雷明登子弹、.243 温彻斯特子弹，M24 的枪机座可发射较长的 .300 温彻斯特－马格南子弹、.338 拉普－马格南子弹、7mm 雷明登－马格南子弹。

布拉塞尔 R93 战术型狙击步枪

▼布拉塞尔 R93 战术型狙击步枪支架细节图

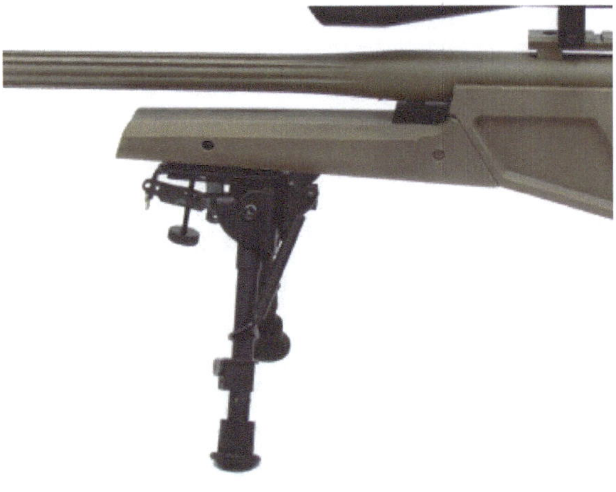

布拉塞尔 R93 战术型狙击步枪基本参数	
全长：	1 117mm
枪管长：	参照各种型号对照
总重：	6.57kg
口径：	7.62mm
枪机种类：	旋转后拉式枪机
发射速率：	单发
枪口初速：	2 800 尺 / 秒
有效射程：	900m
最大射程：	1 370m

019 布拉塞尔 R93 战术型狙击步枪

布拉塞尔 R93 战术型狙击步枪简介

▼布拉塞尔 R93 战术型狙击步枪瞄具细节图

布拉塞尔 R93 战术型狙击步枪是由德国布拉塞尔公司生产的 R93 系列猎用步枪衍生而来的战术型专用狙击步枪。

德国布拉塞尔公司其后被西格 & 绍尔公司收购，其销售也改由西格 & 绍尔公司负责。

LRS 2 型及战术 2 型的手动枪机是瑞士 Schmidt-Rubin 及斯泰尔 M1895 型的直拉式设计，虽然这种设计早已不再常见，但其好处是枪机操作比其他的传统型手动枪机有更快的操作速度，熟练的射手可以使其射击速度不亚于一支半自动步枪。使用这种类似手动枪机的狙击步枪的现代武器还有俄罗斯的 VKS。

▼布拉塞尔 R93 战术型狙击步枪枪托细节图

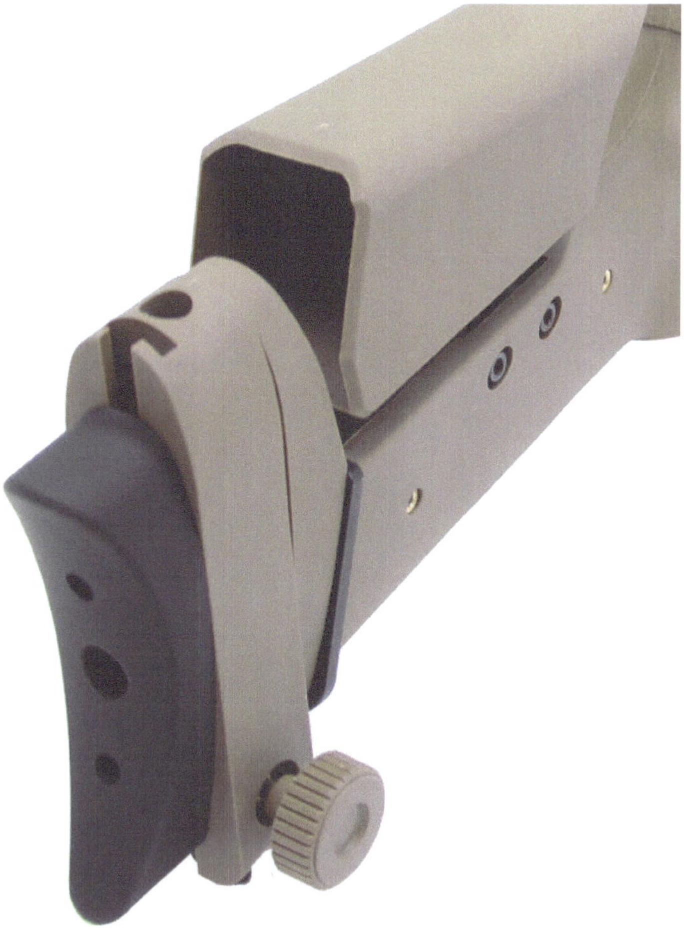

020 CheyTac M200 干预型狙击步枪

▼CheyTac M200 干预型狙击步枪枪托细节图

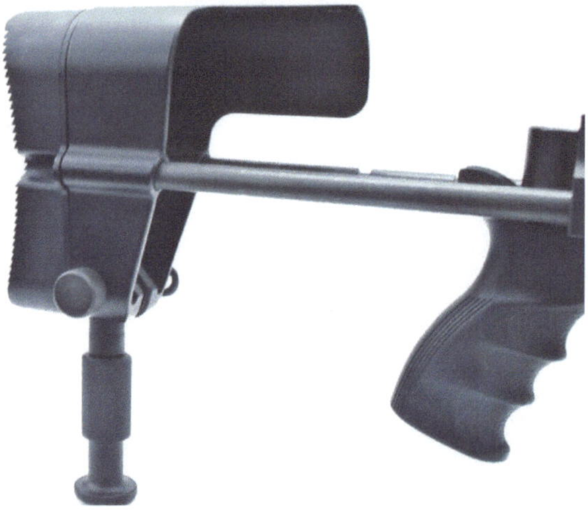

CheyTac M200 干预型狙击步枪基本参数	
全长（枪托缩起/展开）：	
	1 187.45/1 346.2mm
枪管长：	736.6mm
总重：	14.06kg
口径：	10.36mm
枪机种类：	旋转后拉式枪机
枪口初速：	838~993m/s
有效射程：	2 000m
最大射程：	2 743.2m
供弹方式：	7发可拆卸单排式弹匣

CheyTac M200 干预型狙击步枪

CheyTac M200 干预型狙击步枪简介

CheyTac M200“干预型”(CheyTac Intervention M200，Intervention 意为战术干预)狙击步枪是一支由美国夏伊战术公司(CheyTac)生产的手动枪机操作式狙击步枪，主要用途是阻截远距离的软目标，它使用了 7 发容量的可拆卸式单排弹匣供弹，发射 .408 CheyTac 或 .375 CheyTac 口径步枪子弹。据 CheyTac 文件指出，整个系统能够在高达 2 286m(2 500 码，7 500 英尺)的距离打出比 1 角分还要小的精度，是所有现代狙击步枪之中射程最远的一种。

▼CheyTac M200 干预型狙击步枪枪管细节图

CheyTac M200 干预型狙击步枪的设计基于 EDM 风行者 M96 狙击步枪(EDM Arms Windrunner M96)。它使用了手动枪机操作，发射机构装在机匣底部尾端，并在发射机座上装了可自由伸缩的枪托，枪托配有折叠后脚架和托腮架。枪管为自由浮动式设计，而且由圆柱形护木保护。枪管和枪机也有凹槽，以减少重量及提升张力，两者也可以迅速更换或分解，以便运输。护木上、弹匣前方的大型提把用于方便携带此枪，同时也能充当前托，并可以在不使用时向下折叠。护木前方附设的两脚架和枪托配有折叠后脚架，用于提高在地面上的稳定性，不使用时可以折叠起来。枪口的 PGRS-1 制动器可以装上消声器。手枪握把上有手指凹槽，射击时比较稳定和准确。由于此枪并没有任何的机械瞄具(照门及准星)，必须利用机匣顶部的 MIL-STD-1913 战术导轨安装光学瞄准镜或夜视镜，而其他战术配件可于前端的战术导轨上安装。

▼CheyTac M200 干预型狙击步枪弹匣细节图

▼CheyTac M200 干预型狙击步枪握把细节图

021 DSR-1 狙击步枪

▼DSR-1 狙击步枪枪托细节图

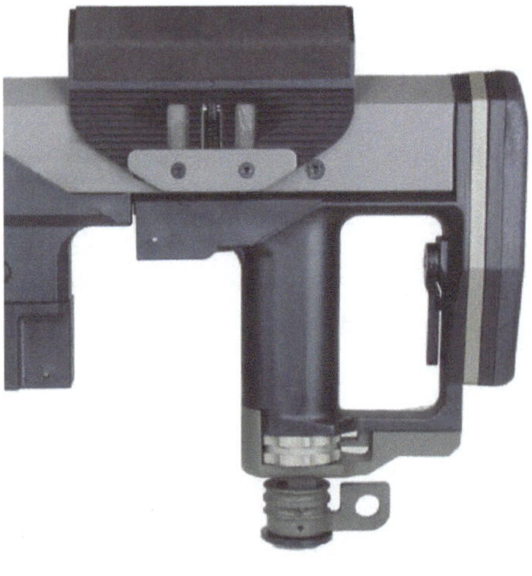

DSR-1 狙击步枪基本参数	
全长：	990mm
枪管长：	650mm
总重：	5.9kg
口径：	7.62mm
枪机种类：	旋转后拉式枪机
枪口初速：	340m/s
有效射程：	800m
供弹方式：	5 发可拆卸式弹匣

DSR-1 狙击步枪简介

▼DSR-1 狙击步枪分解图

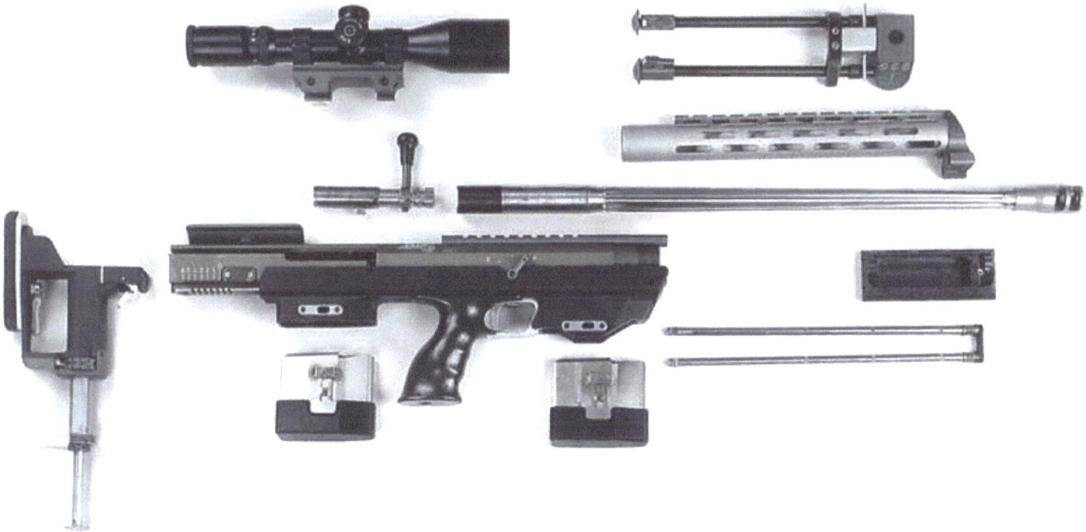

DSR-1 狙击步枪是由德国 DSR- 精密公司（DSR-Precision GmbH）设计、生产及销售以及由德国 AMP 技术服务公司（AMP Technical Services）生产及销售（直到 2004 年结束）的一支专门为警方神枪手所使用的紧凑型犊牛式狙击步枪，它已经被德国反恐特警部队 GSG 9 以及其他欧洲特种警察部队和机构所采用，可发射 7.62mm×51mm 北约／.308 温彻斯特口径、.300 温彻斯特－马格南（.300 Win Mag，7.62mm×67mm）和 .338 拉普－马格南（.338 Lapua，8.6mm×70mm 或 8.58mm×70mm）步枪子弹。

DSR-1 狙击步枪系统是一支并非由猎用步枪或标准军用步枪修改而成的专业狙击步枪，使用了犊牛式设计，并且大量使用钛、铝合金、玻璃钢和工程塑料等现代化材料作为材料以减轻其总重量。铝合金制造的机匣向前延伸形成带散热孔的枪管护罩，向后延伸连接枪托底板。

▼DSR-1 狙击步枪支架细节图

由于没有机械瞄具（照门及准星），必须利用机匣顶部的 MIL-STD-1913 战术导轨安装日间／夜间光学狙击镜、红点镜、全息瞄准镜、夜视镜、热成像仪或其他战术配件。在机匣顶部有全长式的 MIL-STD-1913 战术导轨，可折叠式两脚架安装在护木顶部的 MIL-STD-1913 战术导轨上（也就是枪管以上），位置可根据射手的喜好前后移动；水平前握把（下护木）是装在枪管护罩下方的两根导轨（也就是枪管以下），位置可前后移动。

DSR-1 狙击步枪具有一个完全可调节长度的枪托底板（Buttplate）和调节位置与高度的托腮板（Cheekpiece）。另外还有一个可调节高度的专用后脚架，可以通过微调后脚架的高度令射手在长时间狙击任务中观察的时候放下 DSR-1 步枪休息，不需要一直使用肩窝抵紧枪托，减少肌肉疲劳，在射击时也可提高其稳定性。

022 隐形侦察兵狙击步枪

▼隐形侦察兵狙击步枪枪膛细节图

隐形侦察兵狙击步枪基本参数	
全长：	660.4~698.5mm
枪管长：	406.4mm
总重：	4.54kg
口径：	6.17mm
枪机种类：	旋转后拉式枪机
供弹方式：	7发可拆卸式弹匣
有效射程：	731.52m

隐形侦察兵狙击步枪

隐形侦察兵狙击步枪简介

▼隐形侦察兵狙击步枪瞄具细节图 1

▼隐形侦察兵狙击步枪瞄具细节图 2

隐形侦察兵（Stealth Recon Scout，SRS）狙击步枪是一支由美国枪械制造商沙漠战术武器（Desert Tactical Arms，DTA）研制及生产的新一代模块化及多种口径设计无托结构手动狙击步枪，在 2008 年 SHOT Show 上首度揭幕，发射 .243 Winchester（6.2mm×52mm）、6.5×47 Lapua、.260 Remington（6.5-08 A-Square，6.5mm×51mm）、7mm Winchester Short Magnum、.308 Winchester（7.62×51 NATO）、.300 Winchester Magnum（7.62×63 B）、.338 Norma Magnum（8.59mm×63.5mm）和 .338 Lapua Magnum（8.58mm×70mm）步枪子弹。

隐形侦察兵狙击步枪的特别之处在于它是一支为数不多的采用无托结构布局的手动枪机步枪，这赋予了这支步枪一个相对而且紧凑的设计，生产商方面宣称比传统型狙击步枪缩短了 279.4mm（11in）。由于采用了无托结构布局，机匣、弹匣和枪机的位置都改为手枪握把后方的枪托内，因此操作上与其他大多数传统式步枪设计略有不同。这样的布局也将更多的重量转移到步枪的后方，生产商方面声称，这样能够创造一个中心平衡点，大大提高了武器的平衡性。

隐形侦察兵的枪背带连接点位于武器的护木中心线的平衡点两侧，左右两侧具有 4 个枪背带孔（隐蔽步枪型为两个），以确保它被挎着时能够平放。其聚合物制造的枪托采用了两片式结构，用螺钉固定在一起。枪托组件后半部分就是使用者贴腮和抵肩部分。使用者贴腮部分下方为弹匣插座，弹匣卡榫设置在弹匣插座后方，左右两侧均有设置，也可以单手操作。它采用了最佳高度的瞄准镜环，以配合其贴腮位置，使瞄准镜轴线与使用者眼睛的高度保持一致，取代了现代狙击步枪中常见的可调节式托腮板（Cheekrest）的需要。枪托尾部下方设有防滑纹。枪托后方设有橡胶缓冲垫，这个缓冲垫可以从枪托尾部拆卸下来并且装上枪托垫板加厚（加长），通过调节其厚度来适应身型不同的使用者。而枪托下方更有一个可根据用户需求设置的驻锄，与前端的两脚架相配合，可以让隐形侦察兵自行稳定在射击位置上，这样使用者可在执行观察任务时充分休息，无须时时刻刻端着狙击步枪，有助于保存体力。保险装置设在扳机上方两侧，可以在使用者的手不离开手枪握把的情况下单手操作。将保险向前推为解除保险位置，向后推则是固定保险位置。

FN SPR 狙击步枪

FN SPR 狙击步枪枪身细节图

FN SPR 狙击步枪基本参数	
全长:	1 117.6mm
枪管长:	609.6mm
总重:	5.13kg
口径:	7.62mm
枪机种类:	手动枪机
供弹方式:	4发可拆卸式弹匣

FN SPR 狙击步枪

FN SPR 狙击步枪简介

▼FN SPR 狙击步枪分解图

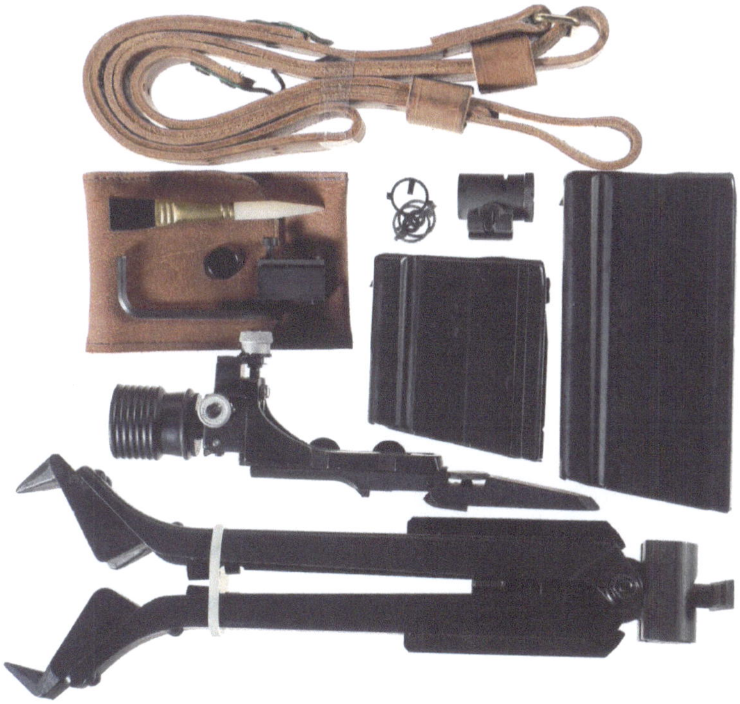

FN SPR 狙击步枪主要发射 7.62mm×51mm 北约口径（或是民用狩猎市场上的 .308 Winchester）步枪子弹，也有些型号可以发射 .300 Winchester Short Magnum 步枪子弹。

此枪是由美国连发武器公司（目前为 FN 的子公司之一）研发及生产，并根据 FN 的规格以温彻斯特 M70 旋转后拉枪机式步枪为蓝本进行量改进而成。

FN SPR 狙击步枪的机匣由锻钢制造而成，并且表面进行了硬化处理。锻钢制造的机匣公差非常小，保证了武器的可靠性，有助于提升射击精度。机匣右侧前部刻有枪号，顶部以 4 个螺钉固定了一段 MIL-STD-1913 战术导轨，由于没有机械瞄具（照门及准星），必须利用该战术导轨安装不同类型的日间 / 夜间光学狙击镜、红点镜 / 反射式瞄准镜、全息瞄准镜、夜视镜或热成像仪。

FN SPR 狙击步枪的核心机构带有明显的温彻斯特 M70 步枪特征，并且加以改进。FN SPR 延续了 M70 所采用的“约束式进弹”系统，即枪弹在被推进弹膛的过程中，弹壳始终牢固地被抽壳钩抓住，确保进弹动作可靠、顺畅。枪机头部带有特殊设计的爪形抽壳钩和两个闭锁锁耳，这比毛瑟枪机系统的抽壳钩更为合理、可靠。

枪机上的拉机柄采用了圆球形设计，并带有一圈菱形防滑纹。A5M 型也可以根据使用者的使用习惯，改用圆锥形拉机柄，以满足不同使用者的需求。

扳机系统也是延续了温彻斯特 M70 的两道火扳机，扳机力为 20 牛顿（4.5 磅力），并且可以按照使用者的喜好进行调节。

▼FN SPR 狙击步枪枪托细节图

FR-F2 狙击步枪

FR-F2 狙击步枪枪管细节图

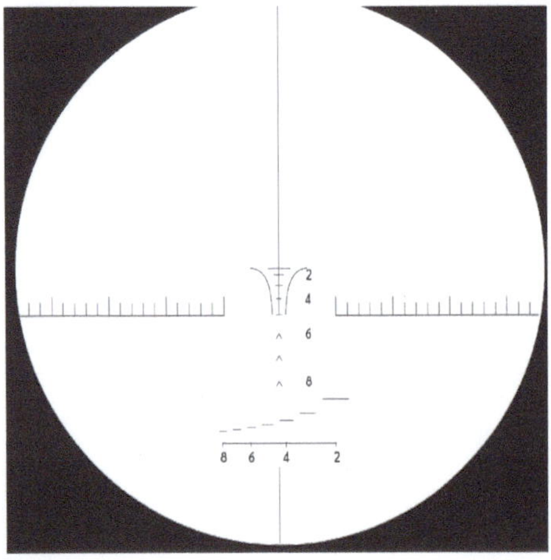

FR-F2 狙击步枪基本参数	
全长：	1 200mm
枪管长：	650mm
总重：	5.3kg
口径：	7.62mm
枪机种类：	旋转后拉式枪机
枪口初速：	820m/s
有效射程：	800m
供弹方式：	10 发弹匣

FR-F2 狙击步枪

FR-F2 狙击步枪简介

FR-F2 是法国军队的制式狙击步枪，以 FR-F1 改进而成。

▼FR-F2 狙击步枪完整图 1

FR-F2狙击步枪由GIAT制造，基于7.5mm×54mmFR的FR-F1改进而成。法国为了通用北约制式弹药，于 1980 年将以 FR-F1 改变成 7.62mm×51mm 口径的狙击步枪定名为 FR-F2。

FR-F2 改进了脚架、外覆塑料的金属枪托并提高性能，有两道火扳机，也可调节扳机力度。其枪管外层涂有塑料隔热层，装有 APX L806（6 倍）或 SCROME J8（8 倍）瞄准镜，还配有后备机械照门。

▼FR-F2 狙击步枪完整图 2

▼FR-F2 狙击步枪支架细节图

帕克黑尔 M82 狙击步枪

帕克黑尔 M82 狙击步枪枪身文字细节图

帕克黑尔 M82 狙击步枪基本参数	
全长:	1 162mm
枪管长:	660mm
总重:	4.8kg
口径:	7.62mm
枪机种类:	旋转后拉式枪机
枪口初速:	840m/s
有效射程:	800m
供弹方式:	4 发内置式弹匣
瞄准具型式:	后备机械瞄具

帕克黑尔 M82 狙击步枪

帕克黑尔 M82 狙击步枪简介

▼帕克黑尔 M82 狙击步枪枪膛细节图

▼帕克黑尔 M82 狙击步枪瞄具细节图

帕克黑尔 M82（Parker Hale M82）是一支由英国帕克黑尔公司以 1200TX 打靶步枪改进而成的军用版本手动狙击步枪，也被数个国家的军队和执法机关所采用。帕克黑尔 M82 在外观和设计两个方面都是一个偏向传统的狙击武器。它采用了类似于经典的毛瑟 Gew 98 步枪系列的旋转后拉式手动枪机，一根重型自由浮置式枪管，发射 7.62mm×51mm 北约口径制式步枪子弹。重型自由浮置式枪管的重量为 1.98kg（4.37 磅），由铬钼钢所制造。帕克黑尔 M82 具有一个容量为 4 发的内置式弹匣（一个完全自我包含的扳机单元），它可以根据使用者需要作出调整。

帕克黑尔 M82 狙击步枪的设计可在一部分上作出改变以满足任何使用者的要求。因此，如果需要，帕克黑尔 M82 狙击步枪可在枪托上装上一个可调节的托腮垫片，而枪托的长度可通过装上垫板加厚（加长）或是拆除垫板减薄（缩短）以改变其厚度。这支步枪基本上就是一支标准打靶型 7.62mm×51mm 北约口径重枪管型毛瑟 Gew 98 步枪，装上了宽厚的“海狸尾部”式靶标核桃制枪托（具有嵌入的托座式导轨）和帕克黑尔的侧面保险机构型扳机。光学瞄准具具有多个选择，不过标准型 M82 通常会附带一个可拆卸式机械比赛型瞄准具。如果要安装光学瞄准镜，可以把照门拆卸下来，把准星滑离准星座；但如果准星不滑离准星座，准星会阻挡视野，准星的柱仍然存在。机匣上的两个连接基座用来作为光学瞄准镜安装基座，帕克黑尔也提供原厂制造用于装在连接基座上的磷化铝合金瞄准镜环；在澳大利亚和新西兰军队服役的 M82 步枪采用了由奥地利制造的卡勒斯（Kahles）ZF69 6×42（26 mm 镜管）补助功能望远瞄准镜，内部设定由 100m（109.36 码，328.08 英尺）递增至 800m（874.89 码，2 624.67 英尺），带有精细优良的十字线分划。曾经有一些人，试图通过翻新和更换步枪枪管以把两个连接基座改为一块式瞄准镜安装基座，但结果证明不理想。最早期的枪机和枪管都使用磷化表面处理，之后改为黑色的橡胶样式非反射表面涂层。

JNG-90 狙击步枪

JNG-90 狙击步枪枪托细节图

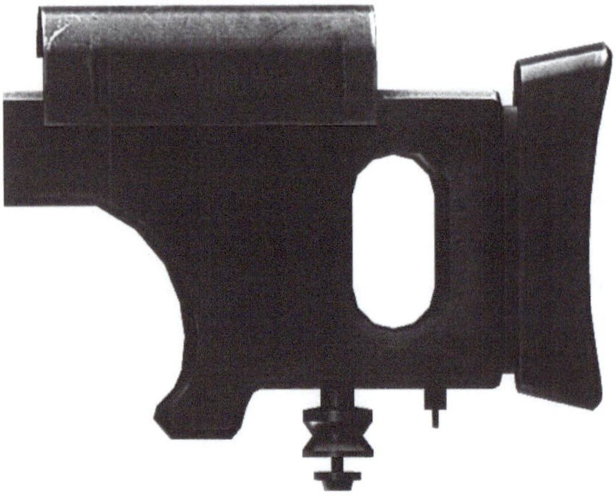

JNG-90 狙击步枪基本参数	
全长:	1 200mm
枪管长:	660mm
总重:	6.4kg
口径:	7.62mm
枪机种类:	手动枪机
枪口初速:	860m/s
有效射程:	1 200m
供弹方式:	10发弹匣
瞄准具型式:	各种瞄准镜

JNG-90 狙击步枪简介

▼JNG-90 狙击步枪枪管细节图

JNG-90 是由土耳其的 MKEK 公司于 2004—2008 年研制的一种手动枪机式狙击步枪，它首次于 2007 年在安卡拉举办的国际国防工业展（IDEF）中展出，目前已成为土耳其军队的制式狙击步枪之一。另外，此枪也被用于出口。

▼JNG-90 狙击步枪握把细节图

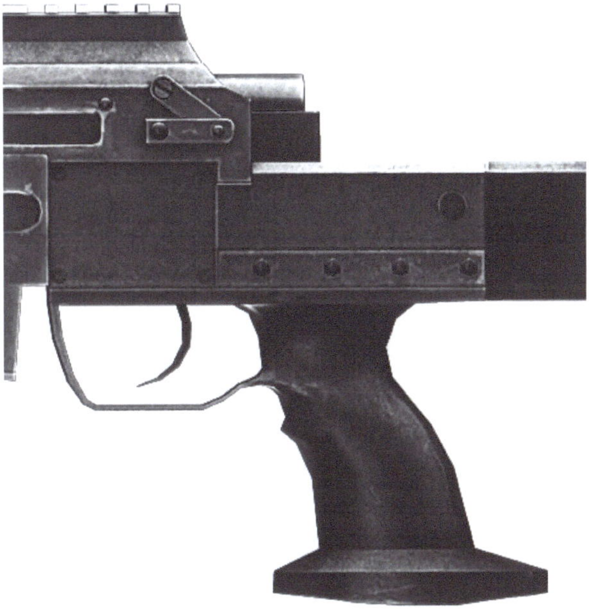

▼JNG-90 狙击步枪枪身细节图 1

JNG-90 狙击步枪的枪管上装有枪口制退器，可用于降低后坐力，护木及枪托上均装有皮卡汀尼导轨，以供用户装上各种各样的瞄准镜及战术配件，而其枪托则为可调式。

此枪的有效射程约为 1 200m。

▼JNG-90 狙击步枪枪身细节图 2

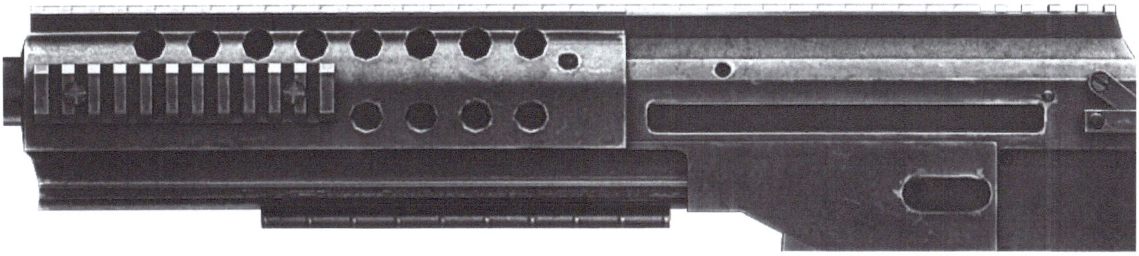

XM2010 增强型狙击步枪

XM2010 增强型狙击步枪枪托细节图

XM2010 增强型狙击步枪基本参数	
全长:	1 181.1mm
枪管长:	558.8mm
总重:	5.5kg
口径:	7.62mm
枪机种类:	
双大型锁耳型毛瑟式旋转后拉式枪机	
枪口初速:	869m/s
有效射程:	1 188.72m
供弹方式:	5发可拆卸式弹匣

XM2010 增强型狙击步枪简介

▼XM2010 增强型狙击步枪瞄具细节图

XM2010 增强型狙击步枪的前身为 M24 重新装配型狙击手武器系统，它是一支由美国陆军 PEO 士兵办公室研制的手动狙击步枪，发射 .300 温彻斯特－马格南（.300Win Mag，7.62mm×67mm）口径步枪子弹。

这支 XM2010 增强型狙击步枪是以 M24 狙击手武器系统为蓝本，目的是取代现有的 M24。在一连串招标过程之后，雷明登武器公司成功中标，并且获得了一份固定价格、不定期、不定量的生产合同（W15QKN-10-R-0403）。根据合同，首先改进 3 600 支 M24。2010 年 12 月底，美国陆军先放下其中的 250 支以便升级武器以及装备给陆军狙击手部队。其后单兵武器项目负责人道格拉斯•A•塔米里奥（Douglas A. Tamilio）上校表示，XM2010 预计会在 2011 年 1 月投入实战试验。

▼XM2010 增强型狙击步枪枪身细节图

XM2010 增强型狙击步枪系统的主要配置改变就是将发射的子弹由原来的 7.62mm×51mm NATO 改为更强大的 .300 温彻斯特－马格南弹药，以达到更强大的火力和延长大约 50% 有效射程，同时使武器尺寸和重量限制在一个合理的范围内。M24 狙击手武器系统的设计使得它能够更改膛室以容纳更大尺寸的子弹，这是因为 M24 的设计就是雷明登 700 的使用马格南长度军用型长枪机版本。美国陆军希望 XM2010 系统使他们的狙击手在阿富汗战争或伊拉克这样的山区和沙漠地形的战事之中在更远的射程及提高杀伤效果的情况下比较有利。与使用尺寸较小、火力较微弱和有效射程较短的非马格南标准步枪弹药的步枪相比，使用尺寸更大、火力更强和有效射程更长的马格南步枪弹药的步枪的普遍缺点是会增加射击时产生的后坐力、枪口上扬、枪口焰、噪音和枪管磨损速度。

028 沙科 Tikka T3 狙击步枪

沙科 Tikka T3 狙击步枪枪身文字细节图

沙科 Tikka T3 狙击步枪基本参数	
全长:	1 080mm
枪管长:	570mm
总重:	3.1kg
口径:	5.7mm
枪机种类:	旋转后拉式枪机
枪口初速:	345m/s
有效射程:	超过 150m
供弹方式:3、4、5、6 发可拆卸式弹匣	
瞄准具型式:	机械瞄具

沙科 Tikka T3 狙击步枪简介

▼沙科 Tikka T3 狙击步枪瞄具细节图

沙科 Tikka T3（Sako Tikka T3）是一支由位于芬兰里希迈基的枪械制造商沙科公司研制的手动猎用及狙击两用步枪，分为多种口径，分别发射 .22-250 雷明顿、.222 雷明顿、5.56mm×45mm 北约口径（或是民用狩猎市场的 .223 雷明顿）、.243 温彻斯特、.25-06 雷明顿、.260 雷明顿、6.5×55 SE、.270 温彻斯特、.270 温彻斯特 Short 马格南、7mm-08 雷明顿、7mm 雷明顿 马格南、7×64 Brenneke、7.62mm×51mm 北约口径（或是民用狩猎市场的 .308 温彻斯特）、.300 温彻斯特 Short 马格南、.30-06 Springfield、.300 温彻斯特 马格南（.300 Win Mag，7.62mm×67mm）、.338 Federal、.338 温彻斯特 马格南 和 9.3×62 毛瑟步枪子弹。

Tikka T3 狙击步枪的常见元素是双锁耳式闭锁块、不到位保险、可调节式扳机和可拆卸式弹匣。

▼沙科 Tikka T3 狙击步枪枪托细节图

沙科的高精度枪管是由高级不锈钢或铬钼合金为材料，以锤锻锻造；自由浮置式枪管与木制枪托之间不接触；机匣以螺纹刚性地与枪托紧固，以确保安全性和准确性。

一个良好的枪口表面对于最优秀的精度而言是比较必要的，枪管表面具有以手工加工达到的完美抛光。

轻巧而坚实的 T3 TrueBody 枪托设计是由高级胡桃木或玻璃钢增强聚合物聚丙烯所制造，具有棕榈状膨胀位置。枪托底板可以装上一系列枪托垫板，以便调整枪托与扳机的距离，经过精心设计的格子花纹握把区域可以增加舒适度，枪背带转环为标准配备。Tikka T3 狙击步枪的枪机采用了准确性的设计，不仅可靠，而且方便使用。极为坚固的 T3 枪机由两个闭锁锁耳闭锁。枪机上具有一个内置式弹簧柱塞状抛壳顶杆和一个可拆卸式拉机柄，枪机开锁及闭锁时只需要 70° 旋转，在光学瞄准镜和操作人员的手之间留下了充足的空间。

029 SIG SSG 3000 狙击步枪

SIG SSG 3000 狙击步枪枪托细节图

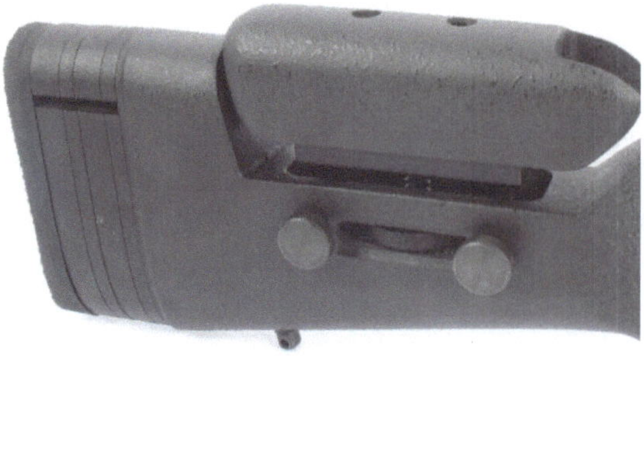

SIG SSG 3000 狙击步枪基本参数	
全长：	1 180mm
枪管长：	600mm
总重：	5.44kg
口径：	7.62mm
枪机种类：	旋转后拉式枪机
枪口初速：	800~830m/s
供弹方式：	5 发可拆卸式内置单排弹仓
瞄准具型式：	机匣顶部的专用接口上安装专用光学狙击镜

SIG SSG 3000 狙击步枪简介

▼SIG SSG 3000 狙击步枪撞针细节图

SIG SSG 3000 是由 SIG Arms（现在是西格 & 绍尔）以 SIG SSG 200STR 比赛步枪为蓝本设计及制造的旋转后拉式枪机狙击步枪，主要发射 7.62mm×51mm 子弹。

SSG 又称为“精确射手步枪”。

▼SIG SSG 3000 狙击步枪导轨细节图

SIG SSG 3000 狙击步枪是以 Sauer 2000 STR 比赛/狙击步枪为蓝本设计而成的警用型狙击步枪，以 5 发可拆式弹匣供弹，并以长行程旋转后拉式枪机操作。根据军警的设计要求，SSG 3000 是模组式构造，枪管和机匣为一个组件，而扳机组和弹仓为一个组件，主要零件都可以快速转换，需要时可以换成发射 .22 LR 口径的零件及适合左撇子使用者使用的型号。

SIG SSG 3000 狙击步枪采用由克虏伯（Krupp）生产的比赛等级自由浮动式枪管和机匣，由于机匣座以一整块钢坯制成，因此枪管和机匣是连接在一起的。

SIG SSG 3000 狙击步枪的重枪管由碳钢冷锻而成，枪管外壁带有传统的散热凹槽，而枪口位置也带有圆形凹槽。这样不仅能够散热，防止枪管因射击而过热变形，也能减轻重量和保证枪管的刚度，对射击精度也有利。SIG SSG 3000 狙击步枪可在枪管上面连一条长织带遮蔽在枪管上方，其作用是防止枪管在暴晒下发热，上升的热气在瞄准镜前方产生“海市蜃楼”的景象，妨碍射手精确瞄准。

SIG SSG 3000 狙击步枪的枪口装置具有制退及消焰功能，两道火扳机可以单/双动击发，其行程和扳机力可调整。扳机上方具有保险卡销，可将扳机、击针和枪机一起锁住，击针头上的膛内装有指示销，以显示枪机已经闭锁。

030 斯泰尔 SSG 69 狙击步枪

斯泰尔 SSG 69 狙击步枪枪托细节图

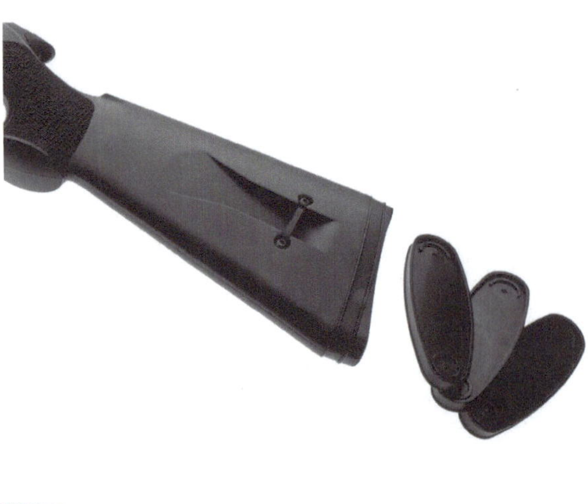

斯泰尔 SSG 69 狙击步枪基本参数	
全长：	1 119mm
枪管长：	650mm
总重：	3.9kg
口径：	7.62mm
枪机种类：	旋转后拉式枪机
枪口初速：	860m/s
有效射程：	800m
最大射程：	3 700m
供弹方式：	5发可拆卸旋转式弹匣
	10发可拆卸双排弹匣
瞄准具型式：	机械瞄具

斯泰尔 SSG 69 狙击步枪

斯泰尔 SSG 69 狙击步枪简介

斯泰尔 SSG 69（德语：Scharfschützengewehr 69，意为 69 式狙击步枪）是一支由奥地利斯泰尔-曼利夏公司研制及生产的旋转后拉式枪机狙击步枪，可发射 7.62mm×51mm 北约口径和 .243 温彻斯特步枪子弹。

▼斯泰尔 SSG 69 狙击步枪瞄具细节图 1

斯泰尔 SSG 69 狙击步枪是一支使用曼利夏系统的手动狙击步枪，尽管它在 1969 年通过（因此为名），但它和同期的狙击步枪相比有使用合成材料（使用工程塑料或木材制成的手握式枪托）、冷锻法制造的枪管、只需转动 60° 就能开锁及闭锁的枪机和可调整扳机行程长短、扳机扣力大小的两道火式设计扳机带来高准确性的领先优势。斯太尔 SSG 69 狙击步枪也将机匣加长，使枪管座的长度达到 51mm，膛室位于机匣内，从而使枪管与机匣能更牢固地组合。

▼斯泰尔 SSG 69 狙击步枪扳机细节图

▼斯泰尔 SSG 69 狙击步枪瞄具细节图 2

斯太尔 SSG 69 狙击步枪是奥地利陆军的制式狙击步枪，斯太尔 SSG 69 狙击步枪也在不少的执法机关中使用。SSG 69 无论在战争还是大大小小的国际比赛中都证明了它是一支非常精准的步枪，因为斯太尔 SSG 69 狙击步枪的准确程度大约是 0.5MOA，大大超出了奥地利军队最初提出的狙击步枪设计指标。

031 斯泰尔 SSG 04 狙击步枪

▼斯泰尔 SSG 04 狙击步枪弹匣细节图

斯泰尔 SSG 04 狙击步枪基本参数	
全长:	1 175mm
枪管长:	600mm
总重:	4.9kg
口径:	6.17mm
枪机种类:	旋转后拉式枪机
供弹方式:	10 发可拆卸双排式弹匣

斯泰尔 SSG 04 狙击步枪

斯泰尔 SSG 04 狙击步枪简介

▼斯泰尔 SSG 04 狙击步枪瞄具细节图 1

斯泰尔 SSG 04（德语：Scharfschützengewehr 04，意为 04 式狙击步枪）是一支由奥地利斯泰尔－曼利夏公司研制及生产的旋转后拉式枪机狙击步枪，是斯泰尔 SSG 69 狙击步枪的改进型，可发射 .243 温彻斯特（6.2mm×52mm）、.308 温彻斯特（7.62mm×51mm 北约口径）和 .300 温彻斯特－马格南（7.62mm×67mm）步枪子弹。

进入 21 世纪，9•11 袭击事件发生之后，斯泰尔－曼利夏公司决定研制可以适用于反恐部队的新型高精度狙击步枪，以取代 SS G69 狙击步枪。2004 年，斯泰尔－曼利夏公司推出了斯泰尔 SSG 04 狙击步枪。

斯泰尔 SSG 04 狙击步枪的原型是斯泰尔－曼利夏公司的另一款名枪——斯太尔 SBS 步枪，不过它也与 SSG 69 有不少共同点，例如供弹、闭锁、发射的方式和冷锻法制造的枪管。

▼斯泰尔 SSG 04 狙击步枪支架细节图

▼斯泰尔 SSG 04 狙击步枪瞄具细节图 2

斯太尔 SSG 04 狙击步枪的枪口上装了制动器，可以降低发射时的后坐力。由于其重枪管为浮动式，因此并不会影响它的射击精度。其外表经过黑色磷化处理，以改进全枪外貌、增强耐久性、提高抗生锈及腐蚀（尤其是海洋等环境的盐腐蚀）能力，并减轻全枪质量以及加强抗脱色能力（以减少在夜间行动时会被发现的机会）。

斯泰尔 SSG 08 狙击步枪

斯泰尔 SSG 08 狙击步枪枪托细节图

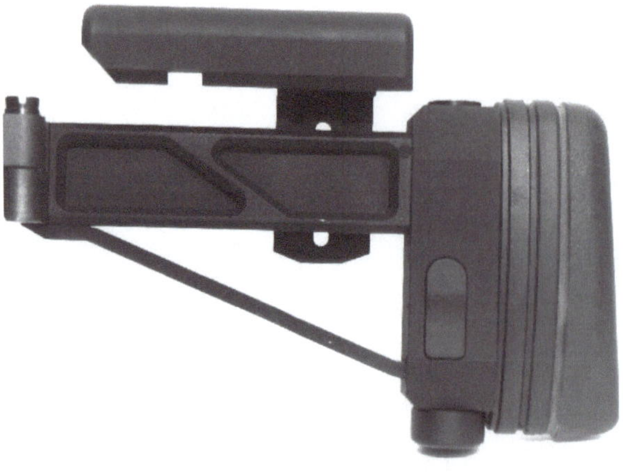

斯泰尔 SSG 08 狙击步枪基本参数	
全长:	960mm
枪管长:	600mm
总重:	6.2kg
口径:	6.17mm
枪机种类:	旋转后拉式枪机
供弹方式:	10 发可拆卸双排式弹匣

斯泰尔 SSG 08 狙击步枪

斯泰尔 SSG 08 狙击步枪简介

▼斯泰尔 SSG 08 狙击步枪支架细节图

斯泰尔 SSG 08（德语：Scharfschützengewehr 08，意为 08 式狙击步枪）是一支由奥地利斯泰尔－曼利夏公司研制及生产的旋转后拉式枪机狙击步枪，是斯泰尔 SSG 04 的改进型，可发射 .243 温彻斯特（6.2mm×52mm）、.308 温彻斯特（7.62mm×51mm 北约口径，或是民用狩猎市场的 .308 温彻斯特）、.300 温彻斯特－马格南（.300 Win Mag，7.62mm×67mm）和 .338 拉普－马格南（.338 Lapua，8.6mm×70mm 或 8.58mm×70mm）步枪子弹。

2004 年，斯泰尔－曼利夏公司推出了斯太尔 SSG 04 狙击步枪，但是，它的出现并没有令反恐部队满意。斯太尔－ 曼利夏公司开始与奥地利江湖眼镜蛇反恐特种部队合作，准备研发便携性良好的新型狙击步枪，研发目的是打击现代恐怖主义和有组织犯罪，无论是乘坐装甲车辆还是直升飞机都能使用，而且要拥有超一流的高精度。4 年以后，斯泰尔 SSG 08 狙击步枪在 2008 年推出。

在 2010 年全国步枪协会的年度会议上，斯泰尔公司推出了斯太尔 SSG 08 狙击步枪的 .338 拉普－马格南（.338 Lapua，8.6mm×70mm 或 8.58mm×70mm）口径版本。为了适应 .338拉普－马格南子弹的尺寸，枪机、弹匣以及枪托的尺寸也相应加大。

▼斯泰尔 SSG 08 狙击步枪枪托折叠细节图

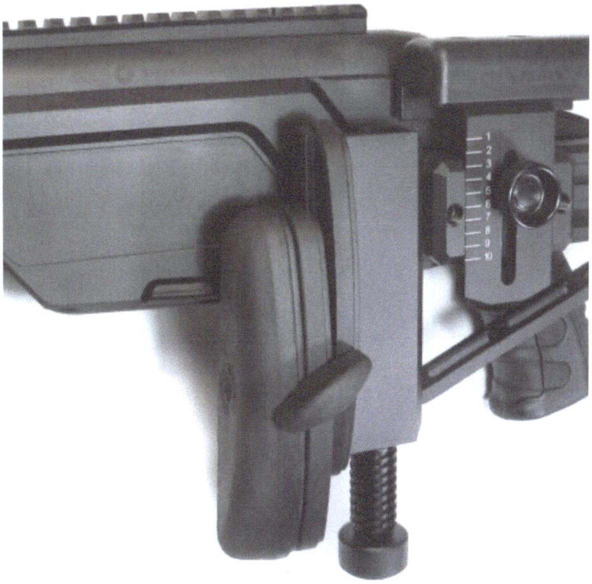

KSVK 狙击步枪

KSVK 狙击步枪枪托细节图 1

KSVK 狙击步枪基本参数	
全长:	1 400mm
枪管长:	1 000mm
总重:	12kg
口径:	12.7mm
枪机种类:	手动枪机
枪口初速:	900m/s
最大射程:	1 000m
供弹方式:	5发可拆卸式弹匣
瞄准具型式:	后备机械瞄具

KSVK 狙击步枪简介

▼KSVK 狙击步枪枪管细节图

KSVK是一支在俄罗斯研制的12.7mm(50in)大口径重型无托结构狙击步枪(反器材步枪)，发射.50俄罗斯（12.7mm×108mm）步枪子弹。其主要用途是反狙击、击穿厚厚的墙壁和轻型装甲战斗车辆。

KSVK大口径重型狙击步枪(反器材步枪)由总部设在俄罗斯科夫罗夫的狄格特亚耶夫厂（Degtyarev）于20世纪90年代末开发。它是基于使用.50俄罗斯（12.7mm×108mm）步枪子弹的SVN-98试验型反器材步枪。由于当时SVN-98只发射普通机枪弹，因此精度较差，在300m（328.08码）平均散布达到160mm。

最初的KSVK又名为ASVK。目前有少量的KSVK被位于车臣的俄罗斯特种部队所使用，作为反狙击步枪，威力能够击穿厚厚的砖墙或木板墙，并且能杀伤躲在墙壁后面的车臣武装分子（不论是否穿上防弹衣）。

在20世纪90年代末期，俄国人将SVN-98实验步枪改进后的设计定名为ASVK反器材步枪，后改称KSVK（俄文：**КСВК**），目前少量装备了俄罗斯的特种部队，并在车臣试用。KSVK与SVN-98基本相同，在外观上主要的区别是重新设计了枪口制退器，并增加了可折叠的后备机械瞄准具，对枪托底板的缓冲垫的形状也做了改变。KSVK狙击步枪既可以通用12.7mm大口径普通机枪弹，又可以使用专门的高精度狙击弹，以提高在远距离上的射击精度。

▼KSVK 狙击步枪瞄具细节图

▼KSVK 狙击步枪枪托细节图 2

SV-99 狙击步枪

SV-99 狙击步枪握把细节图

SV-99 狙击步枪基本参数	
全长:	720mm
枪管长:	350mm
总重:	3.75kg
口径:	5.59mm
枪机种类:	直立式枪机
枪口初速:	345m/s
有效射程:	超过 150m
供弹方式:	5、10 发可拆卸式塑料弹匣

SV-99 狙击步枪

SV-99 狙击步枪简介

SV-99 是一支由俄罗斯的枪械设计师弗拉基米尔•斯朗斯尔研制、伊茨玛希工厂生产的手动狙击步枪，发射 .22 LR 弹药。

▼SV-99 狙击步枪枪管细节图

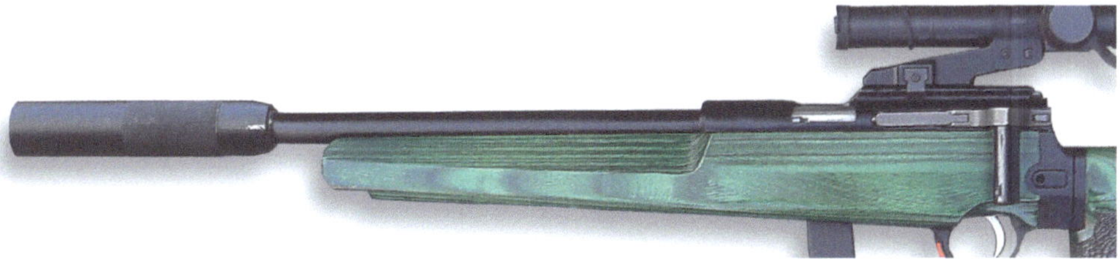

▼SV-99 狙击步枪支架细节图

▼SV-99 狙击步枪瞄具细节图

SV-99 狙击步枪是由俄罗斯的伊茨玛希工厂以 Biathlon-7-2 冬季两项运动步枪为蓝本，专门为俄罗斯特种部队设计的一种小口径、轻型、近距离狙击步枪。

与原来的运动步枪一样，SV-99 狙击步枪的最大特点就是采用了肘节式闭锁机构的直拉式枪机。这种肘节式直拉枪机的开／闭锁是通过一套杠杆装置实现的。当与拉机柄相连的牵引杆运动到止点时，枪机也就停留在闭锁位置。一旦枪机处于待击状态，那么就只有在拉机柄的侧肩上施加向后的压力，它才能被打开。

SV-99 狙击步枪的枪管为冷锻法成型，有 6 条右旋膛线，缠距为 420mm（16.5in），枪膛没有镀铬。

SV-99 狙击步枪的保险杆位于扳机护圈前方，把保险杆拨至后方，就会把枪机和扳机都锁住；将保险杆顶至前方，即可解除保险。

SV-99 狙击步枪采用可拆卸式弹匣供弹。塑料制弹匣的容量是 5 发，但是也可以使用 10 发容量的弹匣。

SV-99 狙击步枪扳机的扣力可在 0.5~1.0kg 调节。

SVU 狙击步枪

▼SVU 狙击步枪握把细节图

SVU 狙击步枪基本参数	
全长:	870mm
枪管长:	520mm
总重:	3.6kg
口径:	7.62mm
枪机种类:	短行程导气式活塞
	三锁耳转栓式枪机
枪口初速:	830m/s
有效射程:	800m
供弹方式:	10、20 发可拆卸式弹匣
瞄准具型式:	机械瞄具

SVU 狙击步枪简介

▼SVU 狙击步枪枪身细节图

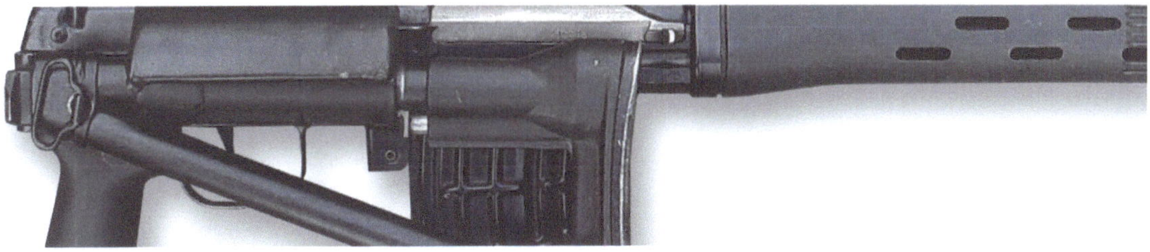

SVU 是一支由俄罗斯联邦工业设计局运动及狩猎武器中央设计研究局以 SVD 狙击步枪为蓝本研制和生产的无托结构狙击步枪，是 SVD 狙击步枪的无托结构配置版本，发射 7.62×54R 步枪子弹。

SVU 狙击步枪在中距离的射击中精度类似于 SVD 狙击步枪。SVU-A 和 SVU-AS 虽然能全自动射击，但是只能在紧急情况（例如在近身混战之中，遇上了构成真正威胁生命的狙击手）下使用，因为发射威力强大的子弹和步枪的轻便枪身会令全自动射击时的后坐力非常惊人，而且狙击步枪本身也不允许长时间全自动射击。

▼SVU 狙击步枪枪托细节图

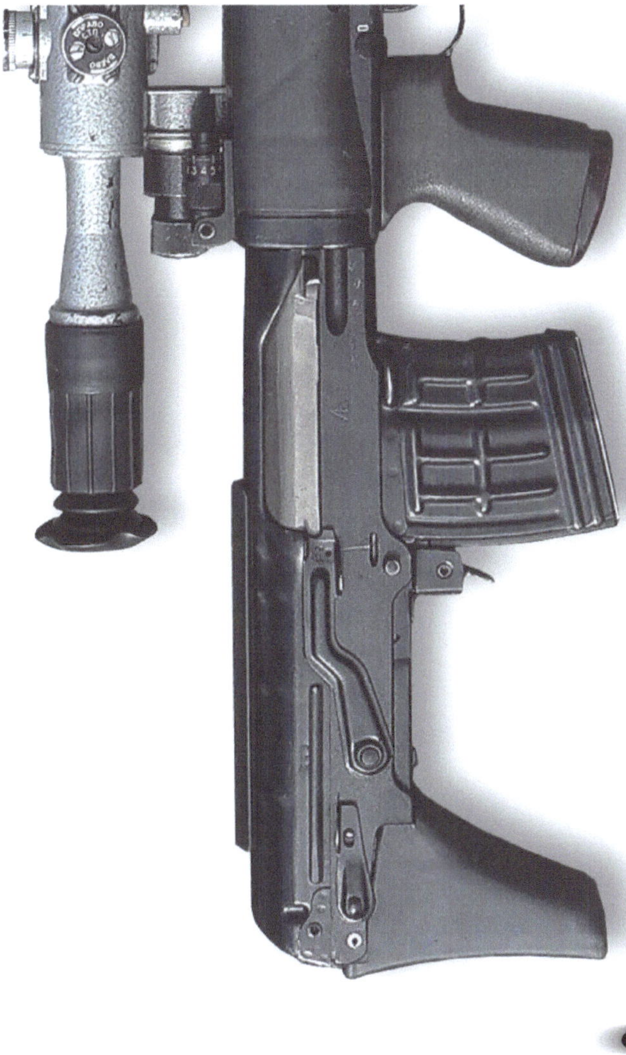

早在 1970 年，运动及狩猎武器中央设计研究局就开始在 SVD 狙击步枪的基础上为空降部队研制一款缩短型狙击步枪，但在那之前的工业生产处理中没有出现。直到 20 世纪 90 年代初期，应俄罗斯联邦内务部（如旗下特种部队特别用途机动单位）的要求，为了方便在建筑物中进行火力支援而研发。由于特警队平均交火距离不超过 100m（109.36 码，328.08 英尺），因此短管的 SVU 狙击步枪并无损其较短的有效射程，加上其 870mm（34.25in）的枪身在狭小空间内运动游刃有余，所以这款狙击武器适合城市环境。内务部接收了 SVU 狙击步枪以后不久，又要研发一个可连续射击的版本（即 SVU-A）。

SVU 狙击步枪被发现在第一次车臣战争期间首次使用。最初的计划是稍微对老化的 SVD 狙击步枪做现代化改造，但设计师最终意识到该武器的配置会被完全改变，因而研制出 SVU 狙击步枪。

036 VSS Vintorez 狙击步枪

VSS Vintorez 狙击步枪弹匣细节图

VSS Vintorez 狙击步枪基本参数	
全长：	894mm
枪管长：	200mm
总重：	2.6kg
口径：	9mm
枪机种类：	长行程导气式活塞
	转栓式枪机
发射速率：	700rpm
枪口初速：	290m/s
有效射程：	400m
供弹方式：	10、20 发弹匣
	30 发 SR-3 Vikhr 专用弹匣

VSS Vintorez 狙击步枪简介

VSS Vintorez 狙击步枪又名 Vintorez（螺纹剪裁机），是一种由前苏联开发的无音狙击步枪。

VSS Vintorez 是一种无音、几乎无发射火焰的短距离狙击步枪，使用 9mm×39mm 弹药。9mm×39mm 子弹的初速并不高，然而毕竟装药量超过 9mm 鲁格弹的一倍，威力不仅比 9mm 子弹强大，在射程上堪与一般无抑制器的突击步枪相比，大约在 400m 以内。

▼VSS Vintorez 狙击步枪扳机细节图

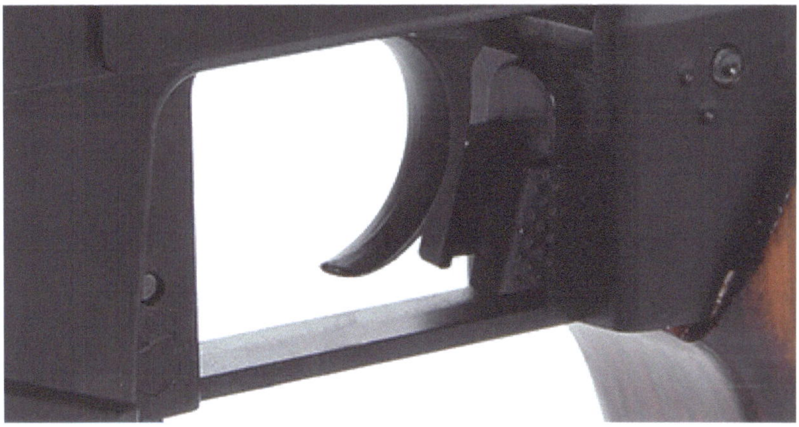

▼VSS Vintorez 狙击步枪枪托细节图

▼VSS Vintorez 狙击步枪枪身细节图

9mm×39mm 除了射程远之外，即使经过 VSS Vintorez 整合式抑制器（integral sound supressor）降低初速之后仍然保留有击穿凯夫拉防弹背心的能力。所谓整合式抑制器就是抑制器为枪管的一部分而非枪支的配件，一般来说，抑制器为“额外加装”在枪口前用来降低击发时的噪音与火焰，而整合式抑制器在制造枪管时已经将抑制器的部位与功能列入制造程序，因此当枪管制造完工时就已经具备降低击发，噪音与火焰的能力，不需要再“额外加装”抑制器了。目前具有类似这种设计的小口径武器还有 HK MP5SD 系列。

VSS Vintorez 狙击步枪的另外一个特点就是除了可以进行半自动单发狙击射击以外，在必要时也可以进行全自动发射。

由于 VSS Vintorez 狙击步枪被定位为特种任务（discreet operation）武器，因此它可以被分解成三大部分，并且放进 450mm×370mm×140mm 的盒子内，同时附有两个弹匣、PSO-1 光学瞄准镜（与 SVD 狙击步枪相同）以及 NSPU-3 夜视瞄准镜。

037 巴雷特 M95 狙击步枪

▼巴雷特 M95 狙击步枪枪托细节图

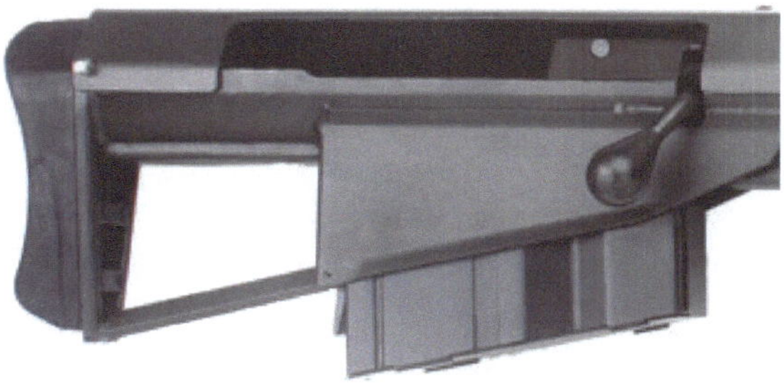

巴雷特 M95 狙击步枪基本参数	
全长:	1 143mm
枪管长:	737mm
总重:	10.7kg
口径:	12.7mm
枪机种类:	旋转后拉式枪机
枪口初速:	854m/s
有效射程:	约 1 800m
最大射程:	6 800m
供弹方式:	5 发可拆卸式弹匣

037 巴雷特 M95 狙击步枪

巴雷特 M95 狙击步枪简介

▼巴雷特 M95 狙击步枪瞄具细节图

巴雷特 M95 是由美国巴雷特公司研发生产的重型无托结构狙击步枪（反器材步枪），是取代巴雷特 M90 的后继产品，发射 12.7mm×99mm（.50 BMG）北约口径制式步枪子弹。

▼巴雷特 M95 狙击步枪枪身细节图

巴雷特在推出大口径半自动无托结构狙击步枪（反器材步枪）M90 以后，为了改进其设计，以使操作和价格比军用型巴雷特 M82A1 更简单、更便宜，设计及生产了巴雷特 M95。

巴雷特 M95 和 M90 一样，保留其双膛直角箭头形（V 形）制动器、可折叠式两脚架和机匣顶部的 MIL-STD-1913 战术导轨、弹匣容量减少至 5 发、没有机械瞄具，必须利用战术导轨安装光学瞄准镜。但其更符合人体工学，握把和扳机之间向前移 25mm（1in）以便更换弹匣、缩短每发之间的时间；另外，拉机柄也重新设计，比 M90 更下、更后，并比 M90 更容易拉动枪机；枪管可快速从枪上拆卸，以缩短全枪长度，并方便携带，而膛室镀上铬以防止生锈；最后扳机、击针和重量也有很小的变化。

巴雷特 M95 狙击步枪可以在美国购买民用型，价格约为 6 000 美元。

1999 年，巴雷特 M95 被美军选中成为 M107。虽然有一少部分被美军购入及测试，但是最终反而是 M82 被美军选中。尽管如此，巴雷特的官方网站宣布 M95 最少用于 15 个国家的军队和执法机关。

038 HK MSG90 狙击步枪

Sniper rifle

▼HK MSG90 狙击步枪枪托细节图

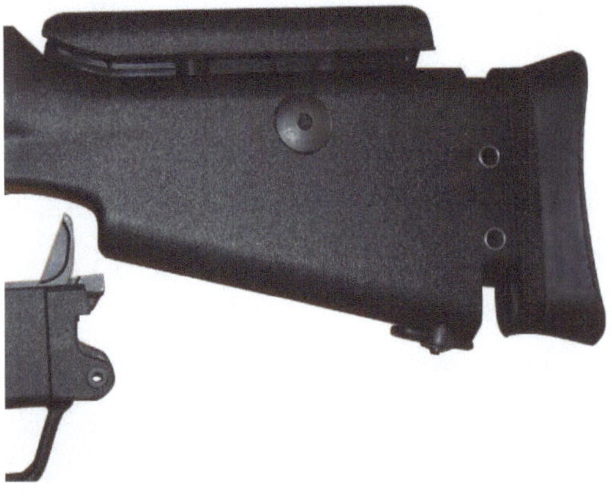

HK MSG90 狙击步枪基本参数	
全长:	1 165mm
总重:	6.4kg
口径:	7.62mm
枪机种类:	滚轮延迟反冲式
枪口初速:	854m/s
有效射程:	1 000m
供弹方式:	5、20 发可拆卸弹匣
瞄准具型式:	专用瞄准镜

HK MSG90 狙击步枪简介

HK MSG90 狙击步枪枪膛细节图

HK MSG90 是黑克勒－科赫公司以 PSG1 为基础所改进的半自动军用狙击步枪，口径为 7.62mm×51mmNATO，其中的 90 表示推出年份（1990 年）。

HK MSG90 狙击步枪握把细节图

黑克勒－科赫公司的 PSG1 狙击步枪拥有极高的射击精度而且性能优异，不过价格太高，重量也太重，且射击时弹壳弹出的力道太大，射击后常常找不到弹出的弹壳。虽然这些缺点对于特警队而言并不会造成太大的问题，但是对军方在战场上运用的情况来说就会造成极大的不便，所以当时的 PSG1 并没有受到德国联邦国防军的采用。

于是黑克勒－科赫公司（Heckler & Koch）开始对 PSG1 着手进行改良，试图让其符合军事用途，HK 将 PSG1 的设计简化，减轻枪身各部分的重量，并使用轻量化的枪管，达到了降低成本及减轻重量的目标，而成品就是 HK MSG90。

MSG 是德文“Militarisch Scharfschutzen Gewehr”的缩写，意思是“军用精确步枪”，MSG90 采用较轻且直径较小的枪管，枪管前端有一个套管，目的是为了增加枪口的重量，枪托与 PSG1 一样具有可调整功能，不过 MSG-90 的枪托重量较轻，瞄准镜不用时也可以拆卸下来，以防止碰撞所造成的损坏。

HK MSG90 狙击步枪配备专用的 10×42 瞄准镜，射程可以进行调整，另外也可以选用两脚架或是三脚架。

SR-25 狙击步枪

SR-25 狙击步枪调节装置细节图

SR-25 狙击步枪基本参数	
全长：	1 118mm
总重：	4.88kg
枪管长：	610mm
口径：	7.62mm
枪机种类：	直接导气式，转栓式枪机
发射速率：	半自动
供弹方式：	5、10、20 发弹匣
瞄准具型式：	
	瞄准镜、M16A4 式提把瞄具

SR-25 狙击步枪简介

SR-25 是一款由尤金•斯通纳设计、奈特军械公司出品的半自动狙击步枪。

▼SR-25 狙击步枪枪管细节图 1

▼SR-25 狙击步枪枪口细节图

▼SR-25 狙击步枪枪管细节图 2

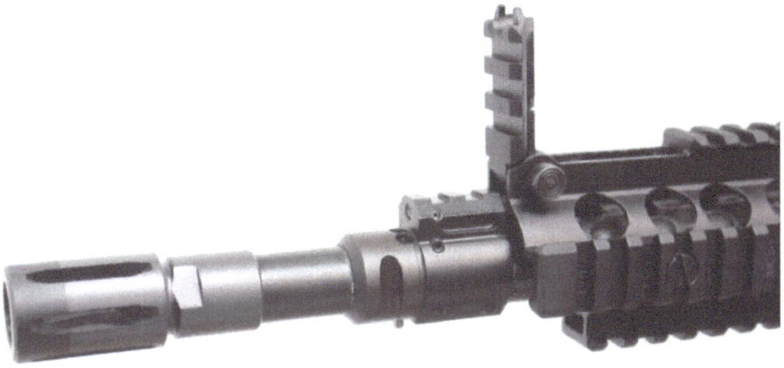

为提高射击精度并适于使用 7.62mm 枪弹，其枪体做了若干改进：

1）选用雷明顿公司生产的 M24 式 7.62mm 狙击步枪采用的高质量枪管。

2）枪管的安装采用浮置式，枪管只与上机匣连接，两脚架安在枪管套筒上，因此它的护木直接粘在下机匣上，枪管套筒不接触枪管。

3）上机匣上有一个与机匣等长的轨槽式瞄准具座，可安装光学瞄准镜，也可安装带表尺的提把。导气箍的上方有一个短导轨，可安装能快速拆卸的备用准星。

4）采用了转拴式枪机和直冲式导气，设计基于 AR-10。

5）基本结构与 M16 式步枪相似，有 60% 的零部件来自 AR － 15、M16 式步枪，主要是扳机、小握把、枪托等。

6）采用望远光学瞄准镜，其所有型号都有皮卡汀尼导轨用来安装各种型号的瞄准镜或者带有机械瞄具的 M16A4 提把（准星在导轨前面）。

040 NTW-20 狙击步枪

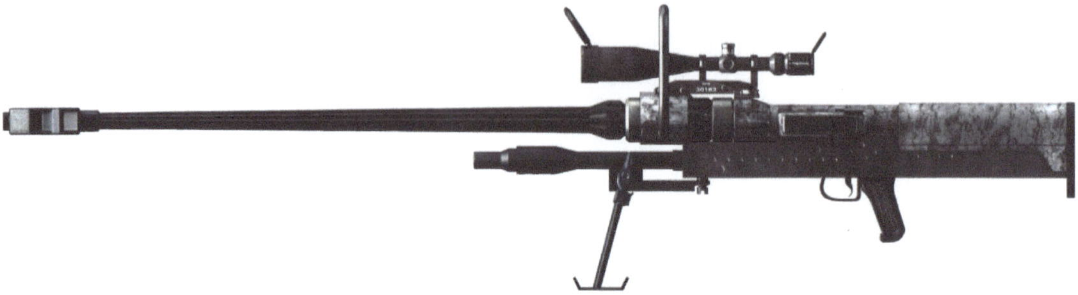

NTW-20 狙击步枪枪管细节图 1

NTW-20 狙击步枪基本参数	
全长：	1 795mm
总重：	30.5kg
枪管长：	1 000mm
口径：	20mm
枪机种类：	短行程活塞传动滚转式枪机
枪口初速：	720m/s
有效射程：	1 300m
供弹方式：	3 发弹匣

NTW-20 狙击步枪简介

▼NTW-20 狙击步枪枪管细节图 2

NTW-20 是由南非丹尼尔防卫企业于 1990 年研制的大口径反器材狙击步枪。

此枪的设计宗旨是开发一种可用于打击多种目标的多用途狙击步枪，并可发射各种特殊弹药。就像许多同类型的武器一样，NTW 系列狙击步枪也可用于反狙击作战和爆炸物处理。

▼NTW-20 狙击步枪支架细节图

南非开发 NTW-20 狙击步枪的原因，或许和种族隔离造成的武器禁运有关，因为缺乏取得重型反装甲 / 反物资武器（如导弹之类军械）的渠道，他们只好在其他方面自立自强。开发工作在 1993 年提出，于 1995 年开始进行，最初是在 Aerotek 的名下研发，后来丹尼尔防卫企业买下设计，现在由他们旗下的普利托里亚金属处理公司负责制造。团队的总设计师是东尼尼奥菲图，他是设计直升机炮塔与后坐力缓冲器的专家，也曾参与 Neostead 战斗散弹枪的开发工作。因为设计时用了部分 Vector GA1 机炮的现成零件，所以只花了短短 4 个月就造出了可运作的原型枪。

由于 20mm 的后坐力对步兵武器来说实在影响太大，这也让 NTW-20 狙击步枪成为世上极少数 20mm 的反器材步枪之一。几乎可以说这把枪的主要研发工作都和“如何降低后坐力”有关。NTW-20 狙击步枪的设计布局是所谓的“半犊牛式”，和 M60 机枪一样，机匣融入枪托，弹匣插口在握把上方。NTW-20 狙击步枪总共有 3 种抑制后坐力的零件，分别是枪身内部的液压缓冲器、缓冲弹簧以及枪口的制退挡板。位于枪身内部的液压缓冲器和缓冲弹簧是一起运作的，这种运作方式和火炮的制退系统有点类似，击发时，液压缓冲器会先接下强大的冲力，降到一定程度后再由缓冲弹簧接手，也可以说在某种程度上它们是连动的。液压缓冲器还可以因气候的不同从液压式改为气压式，而枪口的制退挡板则号称可以吸收 50% 的后坐力。正因为具备一般武器没有的缓冲零件，所以即使这把枪打的是机炮的 20mm 炮弹，一般评价里也没有 20mm 可能带来的恐怖后坐力，据说和一般的反器材步枪差不多。它的枪管是采用浮动式设计，不过和一般狙击枪的浮动枪管用意不同，这是为了让枪膛（在枪管后方）击发的后坐力能直接由缓冲器应付才将它与枪身分离。NTW-20 也有一般狙击步枪的两脚架，就在枪身前端的下方，枪托下面还有一个把手让射手握住，而这个把手在之后的一些版本中可以打开变成抵在地上的另一支脚架。弹匣则是装入握把上方，枪身左侧的弹匣插口不管是 20×85、14.5×114 还是 20×110 的版本，装弹量都是 3 发，具有防爆功能。瞄准镜位置也和一般狙击枪不同，镜体与射手眼睛的距离很远，或许和后坐力有关，倍率为 8×56，拥有弹道下坠补偿功能（也就是把子弹飞行时的下坠算入预定弹道的功能）。NTW-20 狙击步枪全重 26~30kg，所以由人员携行时会分成两个背包，一个携带机匣（枪托）以及两脚架，另一个则携带枪管、瞄准镜与弹药，此外还会由其中一个背包准备射击时使用的帆布软垫。

斯泰尔 HS.50 狙击步枪

▼斯泰尔 HS.50 狙击步枪枪口细节图

斯泰尔 HS.50 狙击步枪基本参数	
全长：	1 370mm
总重：	12.4kg
枪管长：	833mm
口径：	12.7mm
供弹方式：	5 发弹匣

斯泰尔 HS.50 狙击步枪

斯泰尔 HS.50 狙击步枪简介

斯泰尔 HS. 50 狙击步枪实际上并非斯泰尔公司本身生产，而是转包给其他生产商制造。

▼斯泰尔 HS.50 狙击步枪瞄具细节图 1

斯泰尔 HS. 50 狙击步枪首见于 2004 年，是一种单发的手动枪机反器材狙击步枪，有两种口径，一种是流行的 . 50 BMG，另一种是全新的 . 460 斯泰尔口径。其枪机为手动操作的旋转后拉式，机头采用一个大型双闭锁突榫，两道火扳机的扣力为 1. 8kg，枪托长度可调，贴腮板高度可调，重型枪管上有凹槽，配有高效制退器，没有机械瞄具，通过皮卡汀尼导轨安装瞄准装置，整体式可折叠可调两脚架。

▼斯泰尔 HS.50 狙击步枪瞄具细节图 2

▼斯泰尔 HS.50 狙击步枪枪身细节图

042 美国麦克米兰 TAC-50 狙击步枪

美国麦克米兰 TAC-50 狙击步枪枪托细节图

美国麦克米兰 TAC-50 狙击步枪基本参数	
全长:	1 448mm
总重:	11.8kg
枪管长:	736mm
口径:	12.7mm
枪机种类:	旋转后拉式枪机
枪口初速:	850m/s
有效射程:	2 000m
供弹方式:	5 发可分离式弹仓
瞄准具型式:	
	加拿大军队采用 16 倍瞄准镜

美国麦克米兰 TAC-50 狙击步枪

美国麦克米兰 TAC-50 狙击步枪简介

TAC-50 采用旋转后拉式枪机，5 发容量的弹匣；麦克米兰玻璃纤维枪托，手枪型握把；扳机是雷明顿式扳机，扳机扣力 3.5 磅；外表是有凹槽的比赛级的优质枪管，配合使用优质的弹药，据说可达到 0.5MOA 的精度，这在 .50 BMG 口径步枪中是相当高的。

TAC-50 是由美国麦克米兰公司在 1980 年推出的 .50 BMG 狙击步枪 / 反器材步枪。

▼美国麦克米兰 TAC-50 狙击步枪瞄具细节图 1

TAC-50 采用手动旋转后拉式枪机系统，装有由 Lilja 制造的比赛级浮置枪管，枪管表面刻有线坑以降低重量，枪口装有高效能制退器以缓冲 .50BMG 的强大后坐力，由可装 5 发的可分离式弹仓供弹，采用麦克米兰玻璃纤维强化塑胶枪托，枪托前端装有两脚架、尾部装有特制橡胶缓冲垫，整个枪托尾部可以拆下以方便携带。TAC-50 没有机械照门及默认瞄准镜，而加拿大军队采用 16 倍瞄准镜。

作为支援美军特种部队的加拿大狙击小组一员的 Rob Furlong 下士，2002 年在阿富汗 Shah-i-Kot 山谷上用 TAC-50（在执行行动期间，Rob Furlong 更换了空气动力学性能更好的美制子弹代替加拿大制子弹）在 2 413.5m（7 920 尺，1.5 英里）距离击中一名塔利班武装分子，亦创出最远狙击距离纪录，直到最近才被来自英国的克雷格•哈里森打破，他的射杀距离为 2 475m。

实际上，Rob Furlong 第一发未击中，第二发击中目标的背包，第三发击中目标的躯干。阿富汗 Shah-i-Kot 山谷高度为海拔 2 432m，其较低的空气密度令狙击步枪的最大有效射程增加，但是 TAC-50 的口径和动力性能以及 Rob Furlong 和观测员的高超能力无疑是主要因素。

▼美国麦克米兰 TAC-50 狙击步枪扳机细节图

▼美国麦克米兰 TAC-50 狙击步枪瞄具细节图 2

M107 狙击步枪

M107 狙击步枪枪托细节图

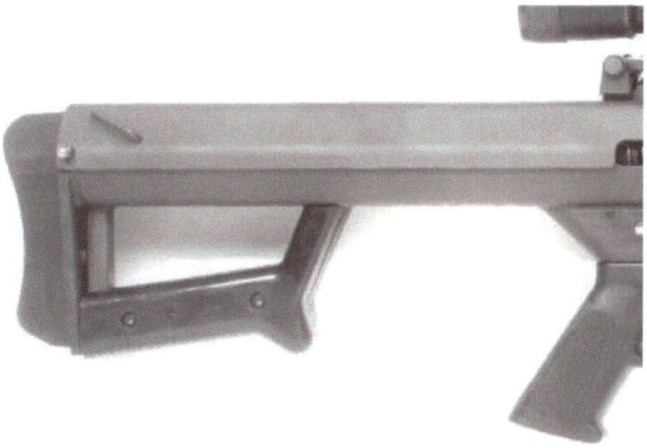

M107 狙击步枪基本参数	
总重:	20.9kg
枪管长:	447mm
口径:	12.7mm
有效射程:	2 000m
供弹方式:	5 发子弹弹匣

M107 狙击步枪简介

M107 狙击步枪是在美海军陆战队使用的 M82A3 式狙击步枪的基础上发展的狙击步枪，它的口径是 12.7mm，它的瞄准镜可放大 2 000m 以外的事物 15 倍，M107 可在 2 000m 以外穿过铁块精确地打中目标。其模块化结构设计使改良更加方便，符合不断变化的战场需要，但由于过分注重口径的原因，这些大家伙都非常重。

▼M107 狙击步枪完整图

M107 狙击步枪基于海军陆战队广泛使用的 M82A3 式狙击步枪，它使陆军狙击手能够在 1 500~2 000m 距离内精确地射击有生力量和技术装备目标。标准版本的 M107 狙击步枪配备有两脚架，能够大幅度提升射击时的准确度与稳定度，该枪的优异设计将后坐力降到最低，而其 10 连发半自动击发能力则可让发射者通过连续击发来锁定某个目标。它能够在 2km 射程内精确地打中目标，可用于远距离、有效地攻击军用设施，如轻型车辆等。

如今美国陆军开始装备一种新型狙击步枪，也就是 M107 式 12.7mm 远程狙击步枪。首先列装的部队是驻阿富汗和伊拉克的部队。美国陆军预计 M107 狙击步枪列装计划已经完成。

2003 年 9 月，美国巴雷特轻武器制造公司赢得了 M107 狙击步枪项目的生产合同，由位于新泽西州的皮卡汀尼兵工厂负责生产。M107 狙击步枪是在美国海军陆战队使用的 M82A3 式狙击步枪的基础上发展的，它能够在 1.5~2km 射程内精确地打中有生力量，可用于远距离有效地攻击和摧毁停放的飞机、雷达站、弹药库、轻型装甲车和通信设备等。M107 狙击步枪通过了严格的试验和评估，它具有可靠性高和适于操作的特点。与 M24 式 7.62mm 狙击步枪相比，M107 狙击步枪配有更大倍率的光学瞄准具，且能够发射多种 12.7mm 弹药。M107 狙击步枪将要改进的内容主要是加装可显著减小枪口喷焰、噪音和枪口冲击波特征的消焰器。

▼M107 狙击步枪弹匣细节图

▼M107 狙击步枪枪管细节图

AWM 狙击步枪

AWM 狙击步枪枪托细节图

AWM 狙击步枪基本参数	
总重:	6.8kg
全长:	1 270mm
枪管长:	686mm
口径:	7mm
枪机种类:	旋转后拉式枪机
有效射程:	1 000m
供弹方式:	5 发可拆卸式弹匣
瞄准具型式:	可分离式铁质准心
	各式光学狙击镜

AWM 狙击步枪简介

AWM 中的 M 代表 Magnum，英文原意是指一种大号酒瓶，在弹药上就是指加量装药的子弹，AI（精准国际）针对狩猎竞技者的需求，改良原来的 AW 狙击步枪产品，推出了 AWM 狙击步枪。其原来以狩猎为主，后来也被普遍用到军事层面，用于提升远程杀伤力，在各种游戏中也被广泛引用。

▼AWM 狙击步枪枪身细节图 1

.300 温彻斯特－马格南步枪弹(7.62mm×67mm)大幅增加了枪口初速和动能，因此在较远距离上的终点能量也较高，此外它的精度也优于普通的 .308 温彻斯特弹，且只比最好的比赛级 .308 温彻斯特弹稍逊一筹，但抗风偏能力和在较远距离射击较强。

.338 拉普－马格南步枪弹（8.6mm×70mm）采用 250 格令船形尾弹头，在超过 1 200m 时速度下降不多，在 1 000m 处的动能仍有 1 770J，超过 1 300m 仍有极强的杀伤能力，因此 .338 拉普－马格南弹比 .308 温彻斯特弹有更大的威力和更远的射程。与大多数的 .50 BMG 口径步枪相比，.338 拉普－马格南步枪在全枪重量、后坐力、枪口焰、硝烟和枪声等方面都较低，虽然 .338 拉普－马格南弹的终点能量比 .50BMG 小，但两者的弹道性能、抗风偏能力和抗侵蚀能力相近，而且比 .50BMG 弹有更好的射击精度，所以 .338 拉普－马格南比 .308 温彻斯特更适合远射程上的精确射击。

英军是第一个采用 .338 拉普－马格南口径 AWM 的用户，将其命名为 L115A1，并用于排级支援武器。在 2008 年，他们又采购了折叠枪托的 .338 AWM-F，命名为 L115A3。

由于其弹壳的直径比原来的 7.62mm×51mm 弹大，为了不改变弹匣宽度和铝底座的相关尺寸，AWM 的弹匣容量只有单排 5 发，弹匣宽 16mm、高 101mm，该弹匣从原理上讲可以装 6 发。不过这样只有在枪机呈开启状态时弹匣才能完全插入，如果枪机处于闭锁位置，只有装 5 发弹的弹匣才能插入到位。AWM 的后托上有一个后脚架，可由螺纹调整高低，不过由于螺纹相当精细，调节很费时间。

▼AWM 狙击步枪枪身细节图 2

▼AWM 狙击步枪瞄具细节图

045 雷明登 R11 RSASS 狙击步枪

▼雷明登 R11 RSASS 狙击步枪枪托细节图

雷明登 R11 RSASS 狙击步枪基本参数	
总重：	5.44kg
全长：	1 003mm
枪管长：	457.2mm
口径：	7.62mm
枪机种类：	直接导气，转拴式枪机
	气体调节器
有效射程：	800~1 000m
供弹方式：	19、20 发可拆卸式弹匣

雷明登 R11 RSASS 狙击步枪

雷明登 R11 RSASS 狙击步枪简介

雷明登 R11 RSASS 狙击步枪是一支由美国雷明登军品分公司所研制、生产及销售的 R 系列半自动狙击步枪，发射 7.62mm×51mm 北约／.308 温彻斯特口径步枪子弹。

雷明登 R11 RSASS 狙击步枪的开发目的是为了替换美国陆军狙击手、观察手、指定射手及班组精确射手的 M24 狙击步枪，美国陆军在提交计划后放给多家公司参与，包括雷明登／DPMS 合伙公司和 KAC。然而，KAC 的 M110 狙击步枪在 2005 年 9 月 28 日胜出并正式定名为 M110 半自动狙击手系统（在测试时名为 XM110）。其后雷明登和 DPMS 公司分别在市场上推出民用型，而雷明登推出的民用型就是雷明登 R11 RSASS。

▼雷明登 R11 RSASS 狙击步枪弹匣细节图

▼雷明登 R11 RSASS 狙击步枪握把细节图

▼雷明登 R11 RSASS 狙击步枪瞄具细节图

雷明登 R11 RSASS 是由雷明登武器公司所设计、并在 JP 企业公司的协助下研发出来的高精确度和内部配置精良的连发式狙击步枪。雷明登 R11 RSASS 使用了由 JP 企业公司制造的部件来组成，包括使用左侧待击式机匣和扳机组件，但仍然由雷明登销售并提供支援。RSASS 被列明其精度为小于 1 角分，有效射程可达 1 000m。这样能够给射手一个半自动武器平台上的战术优势。

雷明登 R11 RSASS 是以 AR-10 机构为基础的改进项目，为配备 20in 中型比赛等级枪管的阿玛莱特 AR-10 半自动步枪改进型。此枪的直接导气装有气体调节器，以减少射击时火药燃烧后剩下的污物和积碳残渣残留在枪机机框和上机匣内累积对动作可靠性和射击精度的影响。扳机扣力在 3.5~5 磅力之间可调。其机匣以 JP 企业的 LPR-07 型步枪改进而成，左侧上方具备一个可折叠式拉机柄，这有利于射手在俯卧姿势时更舒适地操作。此枪可以使用来自 SR-25/M110 或马格普工业公司生产的 .308/7.62mm 口径的 19、20 发可拆卸式弹匣。

巴雷特 M98B 狙击步枪

巴雷特 M98B 狙击步枪枪托细节图

巴雷特 M98B 狙击步枪基本参数	
总重：	6.12kg
全长：	1 263.65mm
枪管长：	685.8mm
口径：	8.59mm
枪机种类：	旋转后拉式枪机
枪口初速：	944.85m/s
最大射程：	1 500m
供弹方式：	10 发可拆卸式弹匣

巴雷特 M98B 狙击步枪简介

巴雷特 M98B 是一支由美国巴雷特公司研发生产的旋转后拉式枪机式手动狙击步枪，发射 .338 拉普 - 马格南口径步枪子弹（8.6mm×70mm 或 8.58mm×70mm）。巴雷特 M98B 狙击步枪在 2008 年 10 月正式公布，并在 2009 年初开始销售，其建议售价为 4 495 美元。

▼巴雷特 M98B 狙击步枪支架细节图

巴雷特的枪械设计师于 1997 年开始设计巴雷特 M98B 狙击步枪，其主要目标是开发一支不基于任何运动步枪的精确战术型 .338 拉普 - 马格南狙击步枪。最初是采用半自动的设计，即在 1998 年于内华达州拉斯维加斯的 SHOT Show 中展出的巴雷特 M98 狙击步枪，但因为巴雷特 M99 狙击步枪的出现而从未投入生产。近年来，朗尼•巴雷特（Ronnie Barrett）的儿子——克里斯（Chris Barrett）恢复了巴雷特对 .338 口径步枪的关注和研发，并且在 2009 年的 SHOT Show 中推出了巴雷特 M98B 狙击步枪。

巴雷特 M98B 狙击步枪在 2009 年 4 月的美国《枪手》杂志上除了有一篇文章以外，更是该期杂志的封面。

巴雷特 M98B 狙击步枪和其他巴雷特狙击步枪的最大区别就是采用了类似斯通纳的 AR-15/M16 步枪设计，以铝制铰链连接上下机匣，符合人体工程学的手枪握把和由拇指直接操作的手动保险装置都借鉴了斯通纳的设计。

巴雷特 M98B 狙击步枪还装有一条以 4150 MIL-B-11595 型号钢铁制造的中型到重型的枪管，全长为 27in（685.8mm），枪管更具有凹槽以增加散热速度。枪管有 6 条膛线，膛线缠距为 254mm（10in），旋转方向为右旋，枪口配有螺纹安装的双边两口式圆柱形枪口制退器，并且以内部的六边形防松螺母锁紧。

其枪机装在新设计的“枪机护套”内部，由两个已注入聚四氟乙烯的合成聚合物以及玻璃钢增强的管状护套组成。这两个护套给枪机提供复进时更好的保护、减少整备时上油润滑的次数。枪机头由坚硬的碳钢 8620 制造，锁耳（Lug）的数量是 9 个（分为 3 组，每组 3 个锁耳），并且以插销连接到同一个枪机主机。这种独立式枪机头的设计使得转换口径时更简单，尤其是为适合未来开发的弹药而转换成不同壳头间隙的枪管和枪机头。

▼巴雷特 M98B 狙击步枪握把细节图

巴雷特 M99 狙击步枪

巴雷特 M99 狙击步枪枪口细节图

巴雷特 M99 狙击步枪基本参数	
总重:	11.4kg
全长:	1 270mm
枪管长:	810mm
口径:	12.7mm
枪机种类:	旋转后拉式枪机
供弹方式:	1 发内置弹仓
瞄准具型式:	机匣顶部的战术导轨上
	可安装瞄准镜或夜视镜

巴雷特 M99 狙击步枪

巴雷特 M99 狙击步枪简介

巴雷特 M99 是巴雷特在 1999 年推出的狙击步枪，发射 12.7mm×99mm 北约（.50 BMG）及 .416 巴雷特子弹。

▼巴雷特 M99 狙击步枪扳机细节图

巴雷特在推出大口径的 M82 及巴雷特 M95 后，为了提高精确度及降低长度，以 M95 为基础设计出一种犊牛式结构、旋转后拉式枪机、内置弹仓只可放一发子弹的狙击步枪，即巴雷特 M99。M99 的枪口仍然装有高效能的双室枪口制退器，但枪管上没有刻线坑，也没有默认瞄准镜，只能在机匣顶部设有的战术导轨上安装瞄准镜，两脚架装在机匣前端的底部。巴雷特 M99 有 12.7mm×99mm NATO（.50 BMG）及 .416 Barrett 两种口径，也提供了 4 种不同枪管选择，包括 12.7mm×99mm NATO（.50 BMG）的 25、29、32in 枪管版本以及 .416 Barrett 的 32in 枪管版本。

巴雷特为了令 M99 达到极高精度，因此将其结构设计得比较简单，弹仓只可放一发子弹而且不设弹匣，在军事用途方面缺乏竞争力，所以主要是向民用市场及执法部门发售，在美国一些禁止民间拥有 .50 BMG 的州（例如加州）只发售 .416 Barrett 口径版本。

▼巴雷特 M99 狙击步枪完整图

阿玛莱特 AR-50 狙击步枪

▼阿玛莱特 AR-50 狙击步枪支架细节图

阿玛莱特 AR-50 狙击步枪基本参数	
总重:	15.42kg
全长:	1 511.3mm
枪管长:	787.4mm
口径:	12.7mm
枪机种类:	旋转后拉式枪机
有效射程:	1 800m
供弹方式:	1 发子弹
	通过抛壳口装入机匣

阿玛莱特 AR-50 狙击步枪

阿玛莱特 AR-50 狙击步枪简介

阿玛莱特 AR-50 是一支由美国阿玛莱特公司研制及生产的单发旋转后拉式枪机重型狙击步枪（反器材步枪），发射 12.7mm×99mm（.50 BMG）北约口径制式步枪子弹。

阿玛莱特 AR-50 狙击步枪在 1997 年开始设计，并在 1999 年的 SHOT Show 上首次公开，同年开始对民间发售。

阿玛莱特 AR-50 步枪采用沉重的重量和一个高效大型凹槽型枪口制退器以吸收大量的后坐力，使其后坐力变得非常小。阿玛莱特 AR-50 是一支采用单发式设计的手动狙击步枪，空枪重约 15.42kg（34 磅），全部重约 16.33kg（36 磅）。AR-50 采用特别厚且刚性的自由浮动式枪管，以尽量减少发射时来自枪管的后坐力；其外表面采用黑色磷化处理，全枪为哑光黑色，以改进全枪外貌、增强耐久性、提高抗生锈及腐蚀（尤其是海洋等环境的盐腐蚀）、减轻全枪质量以及加强抗脱色能力，以减少在夜间行动时被发现的几率。

阿玛莱特 AR-50 狙击步枪结构简单，可靠性高。铝合金制造的机匣是阿玛莱特独特的八边形设计，增强了机匣对抗弯曲的可能，并安装在框架型铝制整体式前托上，表面采用硬质阳极氧化处理。机匣在多层式 V 形枪托的前方，而枪管在护木的上方自由浮动，内有 8 条右旋 1:15 的膛线缠距。AR-50 的枪托可分为 3 个独立的部分，各部分皆由铝制成。与枪托成一体化的甚有特色、挤压而成的护木的表面同样采用硬质阳极氧化处理，可以与支架经过加工并以螺钉固定的枪托分离，前下方设有两脚架的安装接口。前托底下更装上了一个 AR-15/M16 步枪式手枪握把。枪托可以安装及调节尾部设有的一块由软橡胶制造的枪托后座缓冲垫，一块可调节高度的托腮板（Cheekpiece），以及可伸缩调节高度的后脚架，使得射击时更为舒适和稳定。阿玛莱特 AR-50 步枪系列没有采用弹匣供弹，必须在射击前用手通过装填口（兼抛壳口）向膛室内装弹；阿玛莱特 AR-50 步枪系列并没有内置机械瞄具，必须利用其机匣顶部设有的一条 MIL-STD-1913 战术导轨安装日间 / 夜间望远式狙击镜、光学瞄准镜、红点镜 / 反射式瞄准镜、全息瞄准镜、夜视仪或热成像仪作为阿玛莱特 AR-50 的瞄准具；另外，也可选择在枪管上方增加一个前导轨座，这样就可以使用流行的前后串连式安装配置模式扩大瞄准具附件的加装应用模式。

▼阿玛莱特 AR-50 狙击步枪握把细节图

▼阿玛莱特 AR-50 狙击步枪瞄具细节图

瓦尔特 WA 2000 狙击步枪

瓦尔特 WA 2000 狙击步枪枪身细节图

瓦尔特 WA 2000 狙击步枪基本参数	
总重:	6.95kg
全长:	905mm
枪管长:	650mm
口径:	7.62mm
枪机种类:	短行程导气式活塞
	滚转式枪机
枪口初速:	超过 980m/s
有效射程:	1 000m
供弹方式:	6 发可分离式弹匣
瞄准具型式:	Schmidt & Bender
	2.5~10mm×56mm 瞄准镜

瓦尔特 WA 2000 狙击步枪

瓦尔特 WA 2000 狙击步枪简介

瓦尔特 WA 2000 是由卡尔•瓦尔特运动枪有限公司设计及生产的犊牛式狙击步枪，是完全以军警狙击手需要为唯一目标的全新设计，不同于其他狙击步枪多以现有枪型改造来满足市场需要。该枪设计优异，准确度极高。不过由于其完全追求品质不计制造成本，造成售价昂贵，乏人问津，于 1988 年 11 月停止生产。

瓦尔特 WA 2000 狙击步枪采用无托结构把发射组件后移至枪托内，缩短其整体长度而保持枪管长度。

瓦尔特 WA 2000 狙击步枪在夜间可使用 PV4 夜视镜协助狙击。

以 .300 温彻斯特－马格南子弹作为主要弹药的原因是其远距离准确度较高，6 发可分离式弹匣令装填更快。

▼瓦尔特 WA 2000 狙击步枪枪托细节图

▼瓦尔特 WA 2000 狙击步枪枪口细节图

瓦尔特 WA 2000 狙击步枪于 1988 年 11 月停止生产时只制造了 176 支，其中有两代、3 种口径，.300 温彻斯特•马格南、7.62mm×51mm 北约弹和最后推出的瑞士 7.5mm×55mm 弹，各代没有独立名称。第一代装有罐形消焰器，第二代则使用传统式消焰器。

在 1970 年后推出的瓦尔特 WA 2000 狙击步枪售价昂贵，至 1988 年，每支售价 9 000~12 500 美元（不包括瞄准镜）。而 176 支瓦尔特 WA 2000 狙击步枪中仅有 15 支出口到美国，其中 11 支由 Earl J. Sheehan, Jr.（瓦尔特美国分公司总裁）私人拥有。由于其非常罕有，现在美国市场上的新枪售价高达 75 000~80 000 美元。

050 雷明登 MSR 狙击步枪

▼雷明登 MSR 狙击步枪枪托细节图

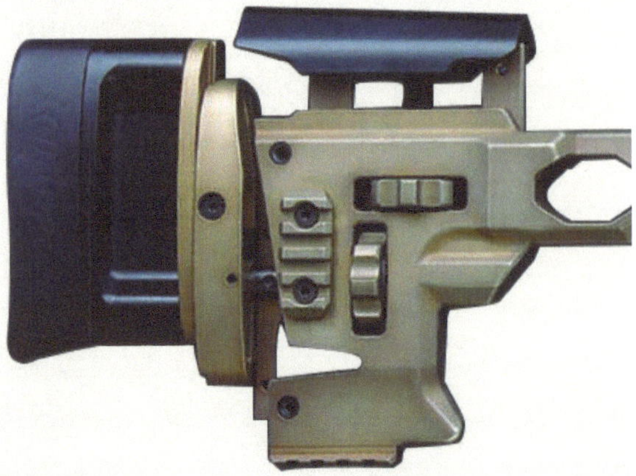

雷明登 MSR 狙击步枪基本参数	
总重：	5.9kg
全长：	914.4mm
枪管长：	508mm
口径：	7.62mm
枪机种类：	短行程导气式活塞
枪口初速：	841.25m/s
有效射程：	800m
供弹方式：	5、10 发可拆卸式弹匣

雷明登 MSR 狙击步枪

雷明登 MSR 狙击步枪简介

▼雷明登 MSR 狙击步枪瞄具细节图 1

雷明登 MSR 狙击步枪是由美国雷明登军品分公司所研制、生产及销售的手动狙击步枪，可发射 7.62mm×51mm 北约 / .308 温彻斯特口径、.300 温彻斯特-马格南(.300 Win Mag, 7.62mm×67mm)、.338 拉普-马格南（.338 Lapua，8.6mm×70mm 或 8.58mm×70mm）和 .338 诺玛-马格南（8.59mm×63.5mm）步枪子弹。

雷明登 MSR 采用了模块化设计，整个系统都装在一个耐腐蚀的全铝合金制造的底座（也可称为底盘）上，这个底座包括弹匣插座、击发机座和前托，钛合金制成的机匣安装在底座上。自由浮置式枪管通过钢制的大型枪管节套固定在机匣上，以八角形前托包覆在外面，前托则以螺丝从前托的顶部（6 颗）及其后端（两颗）锁紧。改变口径时需要更换的零件有枪管、枪机头和弹匣，这样就能在 7.62mm×51mm 北约 / .308 温彻斯特口径、.300 温彻斯特-马格南（.300 Win Mag，7.62mm×67mm）、.338 拉普-马格南（.338 Lapua，8.6mm×70mm 或 8.58mm×70mm）和 .338 诺玛-马格南（8.59mm×63.5mm）口径之间转换，转换口径的时间只需要几分钟。雷明登 MSR 的多个零部件都有黑色和沙色两种外表涂装。

▼雷明登 MSR 狙击步枪瞄具细节图 2

TPG-1 狙击步枪

TPG-1 狙击步枪枪托细节图 1

TPG-1 狙击步枪基本参数	
总重：	6.2kg
全长：	1 230mm
枪管长：	650mm
口径：	5.56mm
枪机种类：	旋转后拉式枪机
供弹方式：	5 发可拆卸式弹匣

TPG-1 狙击步枪简介

▼TPG-1 狙击步枪枪托细节图 2

TPG-1 是一支由奥地利尤尼克阿尔卑斯公司（Unique Alpine）生产的模块化、多种口径设计、高度战术应用的竞赛型手动狙击步枪，分为多种口径，分别发射 5.56mm×45mm 北约口径（或是民用狩猎市场上的 .223 雷明登）、.243 温彻斯特、7mm-08 雷明登、7.62mm×51mm 北约口径（或是民用狩猎市场上的 .308 温彻斯特）、.300 温彻斯特-马格南（.300 Win Mag，7.62mm× 67mm）、6.5mm×47mm Lapua、.22 PPC、6mm Norma BR、6.5-284 Norma 和 .338 拉普•马格南（.338 Lapua，8.6mm×70mm 或 8.58mm×70mm）步枪子弹。

TPG-1 狙击步枪原为法国尤尼克公司设计、开发。后来由于尤尼克公司倒闭，项目被转移至德国并且在德国组装生产，而零部件则由德国和奥地利共同制造。

TPG-1 狙击步枪在 2006 年举行的第 33 届国际狩猎与运动武器展览会（IWA2006）上首度推出。

TPG-1 狙击步枪的外观很特别，设计符合人体工学。它结实耐用，更带有一种野性美。

它新颖流畅的枪托造型以及金属亮色的枪管都让全枪具有时尚的元素。虽然军用狙击步枪同时追求精度和隐蔽性，因而不采用会反光的枪管，以避免被敌方反狙击。

▼TPG-1 狙击步枪瞄具细节图

SP66 狙击步枪

SP66 狙击步枪枪托细节图

SP66 狙击步枪基本参数	
总重:	6.12kg
全长:	1 120mm
枪管长:	730mm
口径:	7.62mm
枪机种类:	旋转后拉式枪机
有效射程:	500m
供弹方式:	3 发内置整体式弹仓

SP66 狙击步枪简介

SP66 狙击步枪是一支由德国枪械制造商毛瑟公司于 1976 年以毛瑟 66 超级比赛型运动步枪为蓝本研制及生产的毛瑟式手动枪机操作式狙击步枪，主要发射 .308 温彻斯特（7.62mm×51mm 北约）□径步枪子弹。

▼SP66 狙击步枪完整图

▼SP66 狙击步枪瞄具细节图

该步枪是毛瑟 M66 超级比赛型运动步枪的军警用型版本。毛瑟 SP66 的设计者认为该枪适合警方狙击手使用。设计师决定，警用狙击步枪必须能在最短的时间内重新上膛并且精确地发射 2~3 发子弹。因此，SP66 狙击步枪采用内置式弹仓和手动枪机，但手动枪机需要以经典的毛瑟 Gew 98 步枪为蓝本，并且经过修改以达到在最短时间内再上膛：拉机柄被移到了前方，并缩短闭锁的方式，这使得 SP66 狙击步枪于重新上膛时所需要的时间短于 Gew 98。

SP66 狙击步枪步枪曾被 13 个国家（包括德国、意大利和以色列）的警察特种部队采用。1985 年，SP66 狙击步枪的生产被毛瑟 86SR 狙击步枪取代，但该枪的仿制型仍在使用，而现在一些 SP66 狙击步枪仍在使用当中。

巴雷特 MRAD 狙击步枪

▼巴雷特 MRAD 狙击步枪枪口细节图

巴雷特 MRAD 狙击步枪基本参数	
总重:	6.94kg
全长:	1 236.98mm
枪管长:	685.8mm
口径:	8.59mm
枪机种类:	旋转后拉式枪机
枪口初速:	944.85m/s
最大射程:	1 500m
供弹方式:	10 发可拆卸式弹匣

053 巴雷特 MRAD 狙击步枪

巴雷特 MRAD 狙击步枪简介

巴雷特 MRAD 是一支由美国巴雷特公司研发生产的旋转后拉式枪机手动狙击步枪，以满足特种作战司令部精密狙击步枪合同的要求，是基于巴雷特 M98B 的改进型，使用 .338 拉普－马格南口径步枪子弹（8.6mm×70mm 或 8.58mm×70mm）。

巴雷特 MRAD 狙击步枪在 2010 年底正式公布，并且在 2011 年初开始销售，其建议售价为 6 000 美元。推出市场以后，巴雷特 MRAD 狙击步枪被美国步枪协会评为 2012 年年度步枪。

▼巴雷特 MRAD 狙击步枪分解图

巴雷特公司以其巴雷特 M98B 狙击步枪为蓝本，按照美国特种作战司令部制定的规格改进为巴雷特 MRAD 狙击步枪，并在 2010 年底推出。其研发目的是参与 2009 年 1 月 15 日美国特种作战司令部发出的一项名为精密狙击步枪（Precision Sniper Rifle，PSR）的项目并作为其中一个 .338 口径狙击平台，与其他枪械制造商全新研制或已有型号的改进型进行竞标，以满足特种作战司令部的要求，取代目前所有的美国特种作战狙击手所使用的手动狙击步枪，但最后在竞标之中得标的是雷明登军品分公司的雷明登 MSR 狙击步枪。

▼巴雷特 MRAD 狙击步枪枪托细节图

054 九七式狙击步枪

▼九七式狙击步枪枪身文字细节图

九七式狙击步枪基本参数	
总重：	3.95kg
全长：	1 280mm
枪管长：	797mm
口径：	6.5mm
枪机种类：	旋转后拉式枪机
枪口初速：	2 500m/s
有效射程：	460m
供弹方式：	5发弹匣，内置弹仓
瞄准具型式：	2.5倍或4倍九九式瞄准镜

九七式狙击步枪

九七式狙击步枪简介

九七式狙击步枪是日本于 1937 年推出的手动枪机式狙击步枪，由于以皇纪年份命名，故名为九七式狙击步枪，日本自侵华战争起一直使用该枪至第二次世界大战战败为止。

基本上，九七式狙击步枪是以三八式步枪进行改装而来的，并采用相同的 6.5mm 有阪（Arisaka）弹药。原来的三八式步枪也有狙击型步枪，所以说九七式狙击步枪与三八式狙击步枪的不同之处则是改用较轻的枪托、加长的弯拉机柄（减少拉柄在操作时与瞄准镜产生干扰）以及加装 2.5 倍或 4 倍九九式光学瞄准镜及单脚架。

至于要从外观上区分九七式狙击步枪与三八式狙击步枪的不同，答案是有困难，必须近看仔细观察。三八式狙击步枪的机匣上有刻印“三八式”，如果是大正三年（1914 年）前的步枪还有传统象征日本皇室的菊御纹章刻印。

▼九七式狙击步枪瞄具细节图

▼九七式狙击步枪枪托细节图

▼九七式狙击步枪枪身细节图

055 九九式狙击步枪

▼九九式狙击步枪细节图

九九式狙击步枪基本参数	
总重：	6kg
全长：	1 480mm
枪管长：	800mm
口径：	6.5mm
枪口初速：	800m/s
有效射程：	1 500m
供弹方式：	5 发弹匣，内置弹仓

九九式狙击步枪简介

九九式狙击步枪是一款性能先进、用途广泛、精度高、射程远、重量轻、结构新颖、性能可靠、易维护的半自动狙击步枪。

▼九九式狙击步枪枪身细节图

▼九九式狙击步枪枪膛细节图

九九式狙击步枪为日军在第二次世界大战中使用的狙击步枪，其为九九式步枪的狙击版。九九式是在三八式步枪被认定为成效不大后（因其使用较小的6.5mm×50mm子弹）被发给前线部队。九九式狙击步枪有一些衍生型，其中有一些衍生型的直枪机与瞄准镜位于枪身左侧，使其能够使用弹夹条。另外一种衍生型的弯曲枪机及瞄准镜位于枪身上方，迫使狙击手将子弹一发一发地装入弹匣。

▼九九式狙击步枪瞄具细节图 1

▼九九式狙击步枪瞄具细节图 2

HK G28 狙击步枪

HK G28 狙击步枪支架细节图

HK G28 狙击步枪基本参数	
总重：	5.8kg
全长：	955mm
枪管长：	420mm
口径：	7.62mm
枪口初速：	785m/s
枪机种类：	短行程活塞传动型气动式转拴式枪机
有效射程：	600m
供弹方式：	10、20 发 HK417 可拆卸式聚合物制弹匣

HK G28 狙击步枪简介

HK G28（最初称为 DMR 762）是一支由德国枪械公司黑克勒－科赫研制及生产的军用型特等射手步枪，在 2011 年 10 月法国巴黎召开的国际军警保安器材展上（MILIPOL，Military and police）向公众首次展出，其后在 2012 年 1 月位于美国内华达州拉斯维加斯举办的 SHOT Show（美国著名枪展）上推出，是 MR308（以 HK G36 突击步枪的短行程活塞传动型气动系统取代 M4 卡宾枪原来的直接导气重新改造而成的 HK416 的 7.62mm×51mm 民用型）的特等射手步枪型版本，发射 7.62mm×51mm 北约口径制式步枪子弹。

▼HK G28 狙击步枪瞄具细节图

在冷战时期，G3A3ZF 狙击步枪（即装上了瞄准镜的 G3A3，ZF 为瞄准镜的德文“Zielfernrohr”的简写）曾经是德国联邦国防军（以下简称为“德军”）的标准狙击步枪，它配备了 6mm×42mm 瞄准镜，具有达到 600m（656.17 码，1 968.5 英尺）的有效射程。

▼HK G28 狙击步枪扳机细节图

自德军部署到阿富汗后的相当长一段时期内，德军为其步兵班组中的特等射手配备的都是 G3A3ZF 狙击步枪。但实战中德军发现，当地的高原山地环境对狙击步枪的精度造成较大影响，因此德军一直希望为其部队配备一种适应当地气候和环境的狙击步枪。为了尽快部署部队，德军选择以 G3A3ZF 狙击步枪为蓝本，并在 4 个月的时间内完成了新枪的研发和部署。新枪也被称为 G3A3ZF-DMR，仍然发射 7.62mm×51mm 北约口径制式步枪子弹。

G3A3ZF-DMR 特等射手步枪的改进包括改用德国施密特－本德尔（Schmidt & Bender）警用神枪手二型（Police Marksman II，PM II）3-12×50 光学狙击镜、采用哈里斯两脚架以及可调节式枪托托腮板（Cheekpiece）。但由于该枪仍然是以早期型号的 G3A3ZF 为原型，因而在部署部队以后招致多种批评。

057 OSV-96 狙击步枪

OSV-96 狙击步枪枪托细节图

OSV-96 狙击步枪基本参数	
总重：	5.8kg
全长：	955mm
枪管长：	420mm
口径：	7.62mm
枪口初速：	785m/s
枪机种类：	短行程活塞传动型气动式转拴式枪机
有效射程：	600m
供弹方式：	10、20 发 HK417 可拆卸式聚合物制弹匣

057 OSV-96 狙击步枪

Sniper rifle

OSV-96 狙击步枪简介

OSV-96 是一支由俄罗斯图拉 KBP 仪器设计厂研制的 12.7mm (.50in) 大口径重型半自动狙击步枪，使用 .50 俄罗斯 (12.7mm×108mm) 步枪子弹。其主要用途是打击距离超过 1 000m (1 093.61 码) 的目标、反狙击、贯穿厚厚的墙壁和轻型装甲战斗车辆。

▼OSV-96 狙击步枪瞄具细节图

▼OSV-96 狙击步枪弹匣细节图

OSV-96 是由 1990 年初俄罗斯图拉 KBP 仪器设计厂研制的 12.7mm (.50 in) V-94 (俄语：B-94) 试作型反器材步枪改进而成。OSV-96 除了用于出口以外，目前已经被俄罗斯特种部队和在车臣的内务部部队少量采用。

▼OSV-96 狙击步枪枪管细节图

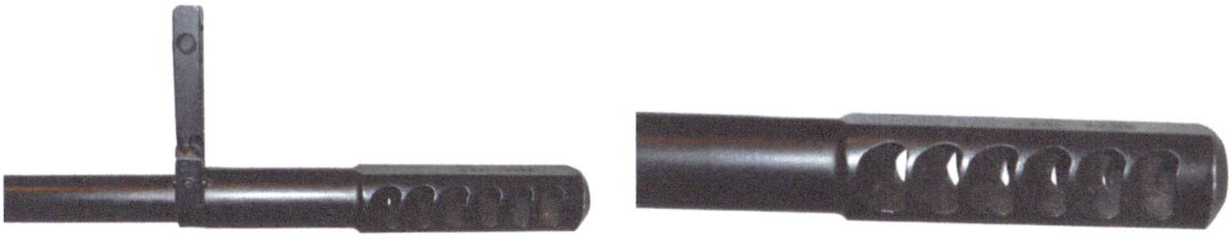

这款步枪能够用于攻击最远距离超过 1 800m (1 968.5 码) 的敌方人员，以及超过 2 500m (2 734.03 码) 的战斗物资。作为一种有效的反狙击武器，OSV-96 可使瞄准射程超过常规型口径轻兵器的瞄准射程。

OSV-96 是一支使用传统型气动式操作和四锁耳 (Lug) 转拴式枪机的半自动步枪。它装有一个由塑料制造的活塞以及一个同样由塑料制造的手枪握把。OSV-96 采用了很长的自由浮动式枪管，并在枪口装上了大型双室式枪口制退器，使其后坐力大大减小。V-94 试作型反器材步枪的枪口制退器为矩形设计，而改进型 OSV-96 的枪口制退器则为圆筒形设计，两者的导气孔都设在左右两侧。枪托上装上了一块橡胶制缓冲底板，也可减少其后坐力。枪身铰链前方的枪管管套上装了折叠式提把和折叠式两脚架，前者方便士兵携行，后者能够让其“悬挂”在树干的纵向平面上并让其可以在任何表面使用，但是装在其枪管管套上的缺点是由于其枪管管套与枪管过近，会影响射击时的精度。其枪托为木制的，并在枪托上装了一块由黑色塑料制造的托腮板，但长度和高度是不可调节的。

风行者 M96 狙击步枪

风行者 M96 狙击步枪瞄具细节图 1

风行者 M96 狙击步枪基本参数	
总重:	15.42kg
全长:	1 270mm
枪管长:	762mm
口径:	12.7mm
枪口初速:	853m/s
枪机种类:	旋转后拉式枪机
有效射程:	1 800m
供弹方式:	5 发可拆卸式弹匣

风行者 M96 狙击步枪

风行者 M96 狙击步枪简介

风行者 M96 是一支由美国枪械设计师威廉•里奇（英语：William Ritchie）设计、由他的公司 EDM 武器公司生产的旋转后拉式枪机及弹匣供弹式狙击步枪（反器材步枪），M96 型发射 12.7mm×99mm NATO（.50 BMG）口径步枪子弹，而其衍生型——M98 型发射 .338 拉普马格南口径步枪子弹。

▼风行者 M96 狙击步枪枪托细节图 1

▼风行者 M96 狙击步枪瞄具细节图 2

尽管风行者系列步枪外形很简洁，但据 EDM 公司的官方资料宣称其精度很高。

风行者系列步枪采用较重的重量和一个高效大型凹槽形枪口制退器以吸收大量的后坐力，使其后坐力变得非常小。

由于大型枪口制退器无法直接装上消声器，因此需要利用枪管可在不需要任何工具下拆卸的特点更换一根可加装消声器的枪管。

由于风行者系列步枪没有设置护木，为了避免两脚架的位置太靠后，因而将其安装在机匣下方、弹匣前方的向前伸出的导杆上。

其枪托为伸缩式设计，有多个挡位可以调节，其伸缩式枪托由塑料制成。

风行者系列步枪被设计成能够在不需要任何工具下，于不到一分钟就能分解成两个部分，缩短携带的长度以便运送和储存。

2001 年，风行者步枪还将其机匣提供给 CheyTac，并且让后者研发及出售发射 .408 CheyTac 或 .375 CheyTac 子弹的 CheyTac“干预”系列狙击步枪。

在 2006 年年底，比尔•里奇（英语：Bill Ritchie）把风行者的机匣设计和制造权出售给了复仇女神武器公司（英语：Nemesis Arms）的大卫•艾夫斯（英语：David Ives）。复仇女神武器公司生产的机匣可以通过转换一些零件使得风行者步枪能够发射 .308 温彻斯特（和 7.62mm×51mm NATO）口径步枪子弹。

EDM ARMS 公司有两个生产线设施，分别在犹他州哈根和亚利桑那州奇诺谷。

迄今（2012 年）为止，EDM ARMS 已经生产了超过 3 000 支风行者步枪，该武器被部署在阿富汗和伊拉克，而 .50 BMG 口径的 M96 出售的量最大。

059 雷明登 SR8 狙击步枪

▼雷明登 SR8 狙击步枪枪托细节图

雷明登 SR8 狙击步枪基本参数	
总重：	7.14kg
全长：	1 193.8~1 244.6mm
枪管长：	685.8mm
口径：	8.59mm
枪机种类：	旋转后拉式枪机
供弹方式：	5 发可拆卸式弹匣

雷明登 SR8 狙击步枪

雷明登 SR8 狙击步枪简介

▼雷明登 SR8 狙击步枪支架细节图

雷明登 SR8 狙击步枪（Remington SR8）是由美国雷明登军品分公司（Remington Military Products Division（MPD），雷明登武器公司的分部门）研制的原型手动狙击步枪，发射 .338 拉普－马格南（.338 Lapua，8.6mm×70mm 或 8.58mm×70mm）步枪子弹。

▼雷明登 SR8 狙击步枪瞄具细节图

▼雷明登 SR8 狙击步枪枪管细节图

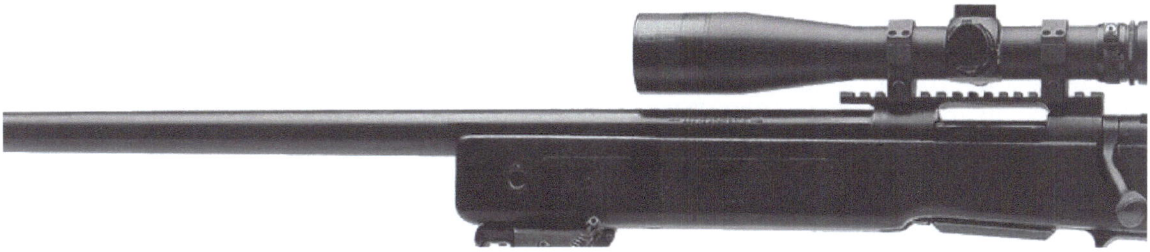

雷明登 SR8 狙击步枪最初是应意大利军队一直在寻找、购买新型 .338 拉普－马格南狙击步枪的要求而研制的。

该步枪的设计以雷明登 700 长枪机型为蓝本，并且使用来自雷明登 M24 SWS 的 HS 精密射击（HS Precision）枪托与扳机组件设计。枪管内膛甚至具有与 M24 SWS 相同的 5-R 膛线，并将膛线缠距改为 11.5in（292.1mm）。标准型雷明登 700 枪机表面、抽壳钩机构也进行了修改，以便紧抓着底缘直径及厚度都更大的 .338 拉普－马格南子弹。

060 大毒蛇 BA50 狙击步枪

大毒蛇 BA50 狙击步枪枪托细节图

大毒蛇 BA50 狙击步枪基本参数	
总重：	13.61kg
全长：	1 473.2mm
枪管长：	762mm
口径：	12.7mm
枪机种类：	旋转后拉式枪机
供弹方式：	10 发可拆卸式弹匣

大毒蛇 BA50 狙击步枪

大毒蛇 BA50 狙击步枪简介

大毒蛇 BA50 狙击步枪是一支由美国大毒蛇武器公司研制及生产的单发旋转后拉式枪机、可拆卸式弹匣供弹式重型狙击步枪（反器材步枪），发射 12.7mm×99mm（.50BMG）北约口径制式步枪子弹。

大毒蛇 BA50 狙击步枪最初是由柯布生产公司研制并且销售了好几年。2007 年 8 月 20 日，大毒蛇武器公司购买了其设计并且将它升级，以后生产转移到缅因州温德姆的大毒蛇武器公司工厂并向市场推出。

▼大毒蛇 BA50 狙击步枪瞄具细节图

▼大毒蛇 BA50 狙击步枪支架细节图

大毒蛇 BA50 狙击步枪具有一根洛萨瓦尔特制 22in（卡宾枪型）或 30in（步枪型）、比赛等级、标准膛线缠距为 15in（.50 BMG 口径的标准膛线缠距）的自由浮置式枪管。该枪的步枪型重 30 磅（不带弹匣或弹药），并于枪口装有大型多室式枪口制退器，以协助减轻后坐力。该步枪的后坐力就像 .243 温彻斯特（.243 Win，6.2mm×52mm）口径那么轻。该枪于机匣及护木顶部装有 MIL-STD-1913 战术导轨（韦弗式）用于安装日间 / 夜间望远式狙击镜、光学瞄准镜、红点镜 / 反射式瞄准镜、全息瞄准镜、夜视仪、热成像仪和后备机械瞄具。

该步枪发射 M33 全金属被甲弹药时能达到 1 角分，这表示其精度可借由比赛等级弹药改进。

061 阿玛莱特 AR-30 狙击步枪

阿玛莱特 AR-30 狙击步枪枪口细节图

阿玛莱特 AR-30 狙击步枪基本参数	
总重：	4.536kg
全长：	1 066.8mm
枪管长：	508mm
枪机种类：	旋转后拉式枪机
供弹方式：	5 发可拆卸式弹匣

阿玛莱特 AR-30 狙击步枪

阿玛莱特 AR-30 狙击步枪简介

阿玛莱特公司早先的 0.338in AR-30 狙击步枪枪管长 660mm，采用 0.308in 后，显然这一长度太长，因此新口径的 AR-30 在原来的基础上采用短枪管（由于装药量减小，枪管长改为 508mm）并且配装了消声器。阿玛莱特公司旨在以此枪在警界打出一片天地。

0.308in AR-30 与阿玛莱特的 0.50in 口径 AR-50 相似，但是 AR-30 的全枪比例要比后者协调。该枪采用旋转后拉枪机式自动方式，以可拆卸式弹匣供弹。采用的材料几乎都是由钢和铝合金组成，主要部件包括弹匣、枪管、机匣、枪机和膛口装置等。

▼阿玛莱特 AR-30 狙击步枪握把细节图

▼阿玛莱特 AR-30 狙击步枪瞄具细节图

乍一看，这支步枪很不起眼，因为它没有精美的雕刻图案，握把的木质材料一般，表面处理工艺水准平平，而且金属件没有进行很好的抛光，但是 AR-30 的射击精度却非常出众，并且该枪最吸引人的地方就在于它的价格并不高，售价只有 1 400~1 600 美元。

阿玛莱特 AR-30 狙击步枪仅有的非金属组件是贴腮板、托底板以及直接继承自 AR-15 的小握把。

阿玛莱特 AR-30 狙击步枪枪机机头前端有两个闭锁突笋，通过机头弹性变形来保证闭锁和弹底间隙。抽壳钩与右侧的闭锁突笋连为一体，退壳机构采用顶壳式，能够顺畅地抛出弹壳。

不同于其他非自动步枪的地方是，AR-30 的机匣包围了枪机，增加了力度和刚度，并且使枪机免受尘土和其他污物的损害。

062 HK SL9SD 微声狙击步枪

▼HK SL9SD 微声狙击步枪枪口细节图

HK SL9SD 微声狙击步枪基本参数	
总重：	4.6kg
全长：	1 150mm
枪管长：	510mm
口径：	7.62mm
枪机种类：	短行程活塞传动型气动式
	转拴式枪机
枪口初速：	310m/s
枪口能量：	652J
有效射程：	100m
供弹方式：	10、30 发可拆卸式弹匣

HK SL9SD 微声狙击步枪

HK SL9SD 微声狙击步枪简介

▼HK SL9SD 微声狙击步枪完整图

HK SL9SD 是德国黑克勒 - 科赫（H&K）以现代化突击步枪 ——HK G36 改造而成的半自动民用运动型步枪 ——SL8 的 7.62mm 口径版本狙击步枪，发射其专用的 7.62mm×37mm 亚音速步枪子弹，并以 10 发特制可拆卸式弹匣作为供弹方式。

▼HK SL9SD 微声狙击步枪弹匣细节图

由于 HK SL9 是 HK SL8 的狙击版本（而 HK SL8 是 HK G36 突击步枪的半自动民用型版本），因此也使用来自 G36 的短行程活塞传动型气动式、斯通纳式转拴式枪机、类似 M16 步枪的气环活塞系统及单导杆设计，和最早期的黑克勒 - 科赫制枪械使用的滚轮延迟反冲式（Roller-delayed blowback）系统相反。

HK SL9SD 和 HK SL8 外表上十分相似，最大的区别就是枪口的微声器、护木上的散热孔、机匣顶部的 MIL-STD-1913 战术导轨比 SL8 更长和护木下用于装双脚架的战术导轨。

063 AE 狙击步枪

AE 狙击步枪枪托细节图

AE 狙击步枪基本参数	
总重：	6kg
全长：	1 120mm
枪管长：	610mm
口径：	7.62mm
弹匣容量：	5、8 发弹匣
瞄准具型式：	Mk II 军用瞄准镜

AE 狙击步枪简介

▼AE 狙击步枪完整图

AE 步枪是 AI 公司为 AW 和 AWP 研制的“廉价”型。因为大多数的警务任务中并不需要严格符合军事标准的步枪，例如警用步枪通常不会在糟糕的天气和其他恶劣气候条件下使用，警用步枪极少要在野外持续携带数天甚至数星期而没机会进行适当的维护，而且大多数的警察战斗任务中极少需要射击超过 500m 外的目标。因此，AI 公司的设计师基于这些设想研制了 AE 狙击步枪，其设计和质量与原来的 AW 和 AWP 相似，但便宜了几乎一半。与 AW 和 AWP 相比，AE 狙击步枪只有一种型式（没有其他口径和枪管长度可选），这种步枪的有效范围只有 600m。AE 步枪的结构和原理与其他 AW 系列完全相同，取消了机械瞄准具和原来的瞄准镜座，而机匣顶部安装一段皮卡汀尼导轨，弹匣有两种容量可选，分别为 5 发和 8 发。

▼AE 狙击步枪支架细节图

Zastava M76 狙击步枪

Zastava M76 狙击步枪枪托细节图

Zastava M76 狙击步枪基本参数	
总重：	4.6kg
全长：	1 135mm
枪管长：	550mm
口径：	7.92mm
枪机种类：	长行程导气式活塞滚转式枪机
枪口初速：	730m/s
有效射程：	800m 以上
供弹方式：	10 发弹匣
瞄准具型式：	瞄准镜后备机械瞄具、表尺

Zastava M76 狙击步枪简介

Zastava M76 是由前南斯拉夫的扎斯塔瓦武器（Zastava Arms）公司研制和生产的半自动狙击步枪。

Zastava M76 狙击步枪于 1970 年由扎斯塔瓦武器公司推出，并在不久之后成为了南斯拉夫人民军的制式狙击步枪。其担任的角色与前苏联的 SVD 相似，两者均是以向步兵排提供特等射手能力为目标。在 1990 年的南斯拉夫内战当中，该枪被多个阵营使用。不论在克罗地亚、波斯尼亚还是科索沃的行动中都能找到此枪的踪影。现在，塞尔维亚军队当中的该枪已逐步被更先进并发射 7.62mm×54mm 枪弹的 Zastava M91 所取代。

▼Zastava M76 狙击步枪握把细节图

Zastava M76 狙击步枪在设计概念上类似于 SVD，两者均是使用 10 发弹匣和高功率子弹的半自动步枪。然而，该枪的内部构造和造型与 AK-47 较为相似，类似于罗马尼亚的 PSL。正是因为它采用了 AK 的设计，所以被证明是简单和可靠的，并与其他扎斯塔瓦武器的 AK 衍生品一样，都是属于品质较高的产品。

在口径方面 M76 与 AK-47 和 SVD 不同，它发射威力较大的 7.92mm×57mm 毛瑟弹。

该枪枪口上装有消焰器，枪管下有刺刀座。除采用普通机械瞄准具外，它还装有放大率为 4 倍的光学瞄准镜。

▼Zastava M76 狙击步枪枪管细节图

Zastava M91 狙击步枪

Zastava M91 狙击步枪枪托细节图

Zastava M91 狙击步枪基本参数	
总重:	5.15kg
全长:	1 195mm
枪管长:	620mm
口径:	7.62mm
枪机种类:	长行程导气式活塞
	转栓式枪机
枪口初速:	790m/s
有效射程:	1 000m
供弹方式:	10 发弹匣
瞄准具型式:	备用机械瞄具、瞄准镜

Zastava M91 狙击步枪

Zastava M91 狙击步枪简介

Zastava M91 是由前南斯拉夫的扎斯塔瓦武器（Zastava Arms）公司研制及生产的一种半自动狙击步枪。

扎斯塔瓦武器公司指出该枪是经过漫长和细致的研究所得出的成果，该枪也是通过在最具作战经验和能力的特种部队的监督下研制的。虽说如此，该枪的设计明显受到苏联 SVD 狙击步枪的影响。

▼Zastava M91 狙击步枪弹匣细节图

▼Zastava M91 狙击步枪瞄具、握把细节图

Zastava M91 是一款气动式半自动狙击步枪，该枪发射俄式 7.62mm×54mm 枪弹，并以 10 发容量的弹匣供弹。不但如此，它还具有与 SVD 相似的连握把式枪托、消焰器、机匣以及枪机。由此可见，其设计概念与 SVD 有着一定的相似之处，但在内部结构方面此枪以 AK-47 作为基础放大而成，并非 SVD 的仿制品，类似于 Zastava M76 狙击步枪。

另外，Zastava M91 狙击步枪的标准瞄准镜为 ON-M91 6×42，可通过机匣左边的导轨安装，除了标准瞄准镜外，也能对应其他的瞄准镜及夜视镜。用户可以轻易地把瞄准镜从导轨上拆除及重新装上。

若瞄准镜被毁，枪上附有的备用机械瞄具以及可调式表尺能做应急之用。

SRS 狙击步枪

▼SRS 狙击步枪枪托细节图

SRS 狙击步枪基本参数	
总重：	5.09kg
全长：	902mm
枪管长：	660mm
口径：	7.62mm
供弹方式：	6 发弹匣

SRS 狙击步枪简介

在 2008 年 2 月初的拉斯维加斯 SHOT Show 上，展出了一款无托结构的旋转后拉式枪机狙击步枪 SRS。SRS 狙击步枪的全名为“秘密侦察兵”，是由位于犹他州盐湖城的沙漠战术轻武器公司（Desert Tactical Arms）的创办人尼古拉斯•杨格（Nicholas Young）设计的，该枪有 4 种口径，分别为 .338 拉普－马格南、.300 温彻斯特－马格南、.308 温彻斯特（7.62×51mm NATO）和 .243 温彻斯特。后来在 2009 年和 2010 年的 SHOT Show 上 SRS 狙击步枪都有展出，不过似乎还没有获得大宗订单。

▼SRS 狙击步枪分解图

▼SRS 狙击步枪瞄具细节图

设计师尼古拉斯•杨格本身就是一名射击运动爱好者，从小到大参与了不少射击运动，在犹他州大学读书时还是学院手枪射击队成员，据说还做过瞄准镜生产商和步枪生产商的咨询顾问。他特别喜欢远距离的射击，热衷于狩猎，也经常参加狙击比赛。他认为传统的狙击武器都太长、太重、平衡性差、人机工效不好，特别不适合于无依托射击。而近几年流行较大的远程口径狙击武器，过长、过重的枪管更恶化了武器的平衡性。杨格用了三年半的时间设计出 SRS 狙击步枪，就是打算通过采用无托结构使狙击步枪变得更紧凑并改善平衡性。据说从头到尾 DT SRS 狙击步枪经历了十次重新设计，不过大多数的设计工作是用 3D 立体设计进行的，所以到正式开工制作样枪时设计已经基本上定型了。

以色列加利尔狙击步枪

以色列加利尔狙击步枪枪托细节图

以色列加利尔狙击步枪基本参数	
总重:	7.65kg
全长:	1 112mm
枪管长:	508mm
口径:	7.62mm
弹匣容量:	25 发弹匣

067 以色列加利尔狙击步枪

以色列加利尔 狙击步枪简介

▼以色列加利尔狙击步枪完整图

以色列加利尔狙击步枪是加利尔 AR 7.62mm 步枪的狙击型，优点是在野外恶劣环境下的适应性，与其他钢制枪托的加利尔相比，加利尔狙击步枪的折叠枪托用起来非常舒适。直到现在，加利尔狙击步枪仍在使用，它主要用于在 600m 射程内提供精确的火力压制。

▼以色列加利尔狙击步枪枪管细节图

▼以色列加利尔狙击步枪瞄具细节图

加利尔也是一支采用机头回转闭锁的导气式步枪，内有导气活塞的导管位于枪管的上方。

其机匣由钢坯铣削而成，没有采用相对廉价的钢板冲压技术，这使加利尔狙击步枪虽然极其结实但却比较沉重，加工起来比卡拉什尼科夫步枪耗时、成本高。

068 比利时 FN30-11 式狙击步枪

比利时 FN30-11 式狙击步枪枪托细节图

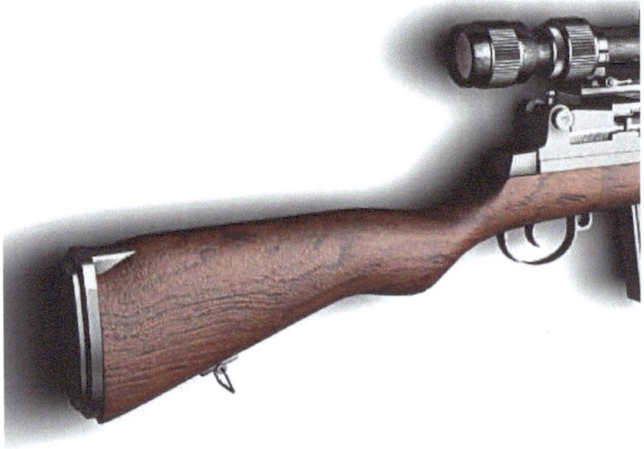

比利时 FN30-11 式狙击步枪基本参数	
总重：	4.85kg
全长：	1 117mm
枪管长：	502mm
口径：	7.62mm
枪口初速：	850m/s
弹匣容量：	10 发弹匣

比利时 FN30-11 式狙击步枪

比利时 FN30-11 式狙击步枪简介

▼比利时 FN30-11 式狙击步枪瞄具细节图

比利时 FN30-11 式 7.62mm 狙击步枪主要用于军队和警察保卫机场、军事重地和国家机关等重要设施。比利时 FN30-11 式狙击步枪于 20 世纪 70 年代设计，于 1980 年投入批量生产。比利时军队和警察已正式列装。

▼比利时 FN30-11 式狙击步枪枪管细节图

比利时 FN3-11 式狙击步枪采用优质材料，结构结实，射击精度高，并被誉为西方国家，至少是北约国家当代最好的狙击步枪。

比利时 FN30-11 式 7.62mm 狙击步枪的枪机采用了毛瑟系统，扳机拉力为 14.7N。其枪管为加重型，装有很长的枪口消焰器，前托下方装有高低可调的两脚架。当武器处于携行状态时，两脚架折叠在枪托下方，全枪装在专门的保护 / 携行袋中。另外，该枪还可以配射击背带。

比利时 FN30-11 式 7.62mm 狙击步枪为了适应每个狙击手的需要，还特意设计了长度可调的枪托。这种枪托附加一个连接件，以此调节枪托的长度，使枪托左侧的贴腮板正好和射手的面部相贴。另外，用塑料制作的托底板也可以调整。

▼比利时 FN30-11 式狙击步枪零部件细节图

L42A1 狙击步枪

L42A1 狙击步枪瞄具细节图 1

L42A1 狙击步枪基本参数	
总重:	4.42kg
全长:	1 181mm
枪管长:	699mm
口径:	7.62mm
枪口初速:	838m/s
弹匣容量:	10 发弹匣

L42A1 狙击步枪

L42A1 狙击步枪简介

所有的 L42A1 狙击步枪都经过严格的测试，以确保它们安全、可靠。在 L42A1 狙击步枪的拉机柄、机头和机匣上有一个“19T”的检验标志印在十字旗的公司标志中，这表示这些部件已经过每平方英寸 19 吨的压力测试。

L42A1 狙击步枪的前托较短，可部分地抵消由于改用重型枪管而增加的重量，而且在新设计中枪管的前部也不需要护木支撑。

▼L42A1 狙击步枪瞄具细节图 2

每支步枪和每个瞄准镜一旦组合起来就会共同使用到退役为止，因此瞄准镜的序号会印在枪托上，而步枪的序号则印在瞄准镜架上。步枪和瞄准镜会装在一个大的木制枪箱中携行，而瞄准镜还会由一个金属盒保护起来。其枪箱中还放着观测用的“侦察团”望远镜（Scout Regiment Telescope）和其他附件，例如维护工具、背带、使用手册等。有时还会放上一个 IWS 镜架，这个 IWS 是“单兵武器瞄准具”（Individual Weapon Sight）的缩写，听起来好像是一种普通的光学瞄准镜，其实是一种微光夜视瞄准镜。在北爱尔兰，有一些北爱尔兰的恐怖分子就莫名其妙地命丧于 L42A1 狙击步枪和这种微光夜视镜的组合之下。

▼L42A1 狙击步枪瞄具细节图 3

▼L42A1 狙击步枪枪管细节图 4

SIG SSG 2000 狙击步枪

SIG SSG 2000 狙击步枪弹匣细节图

SIG SSG 2000 狙击步枪基本参数	
总重：	6.6kg
全长：	1 210mm
枪管长：	610mm
口径：	7.62mm
枪机种类：	旋转后拉式枪机
有效射程：	1 000m
供弹方式：	4 发可分离式弹匣

SIG SSG 2000 狙击步枪

SIG SSG 2000 狙击步枪简介

SIG SSG 2000 是由 SIG Arms 公司在 1960 年设计及制造的旋转后拉式枪机狙击步枪，在欧洲、亚洲及美国的执法部门比较常见。SSG 意为“精确射手步枪”。

▼SIG SSG 2000 狙击步枪完整图

SIG SSG 2000 狙击步枪由 Sauer 80/90 靶枪衍生而成，采用旋转后拉式枪机系统，装有两段扳机，重枪管及枪口消焰制退器，木制枪托，枪托上的贴腮托板高低可调。

SIG SSG 2000 狙击步枪没有机械瞄具，而是以 Schmidt & Bender X1.5-6×42 或蔡司 Diatal ZA 8×56T 瞄准镜作为瞄准具。

SIG SSG 2000 狙击步枪从 1989 年开始由瑞士 SIG Arms 公司（现称 Swiss Arms）和德国西格 & 绍尔公司（Sauer & Sohn）共同生产，装备多个国家的警队，包括瑞士、阿根廷、英国、约旦、马来西亚等。

▼SIG SSG 2000 狙击步枪支架细节图

南斯拉夫 M48 狙击步枪

▼南斯拉夫 M48 狙击步枪枪托细节图

南斯拉夫 M48 狙击步枪基本参数	
总重:	3.9kg
全长:	1 105mm
枪管长:	597mm
口径:	7.92mm
枪机种类:	手动枪机
有效射程:	800m
供弹方式:	5 发内置弹仓
瞄准具型式:	机械瞄具、瞄准镜

M48 狙击步枪简介

M48 狙击步枪是前南斯拉夫仿制比利时 M24 毛瑟步枪（比利时版的 Kar98k）的产物，此枪曾在多次内战中投入使用。

▼南斯拉夫 M48 狙击步枪瞄具细节图

M48 狙击步枪虽然在外型上与 Kar98k 相似，而且其尺寸和性能与 Kar98k 基本相同，只是机匣略短，但许多零件是不能通用的（特别是枪机的部分）。

在前南斯拉夫内战中，M48 狙击步枪通常会被民兵装上 ZRAK 4×32 瞄准镜并当成狙击步枪使用，而前南斯拉夫正规军则不常用。

现在，M48 狙击步枪普遍会被廉价地外销到美国、加拿大等国家，故在民用市场上并不稀见。

▼M48 狙击步枪枪身文字细节图

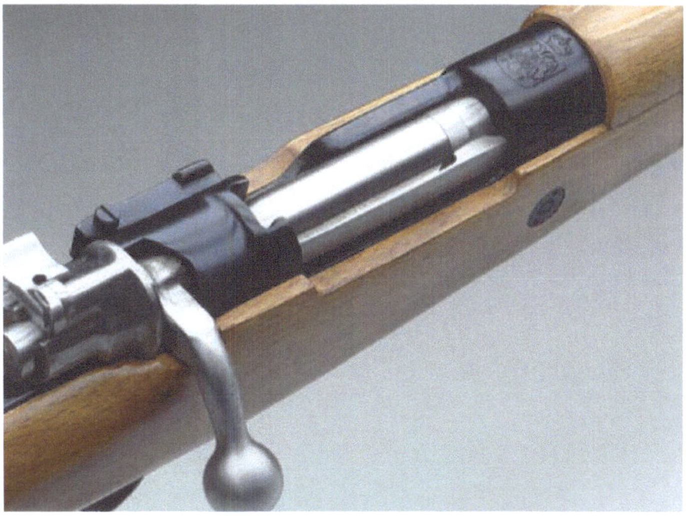

▼M48 狙击步枪枪管细节图

DMR-M14 狙击步枪

DMR-M14 狙击步枪枪托细节图

DMR-M14 狙击步枪基本参数	
总重:	4.98kg
全长:	1 117.6mm
枪管长:	558.8mm
口径:	7.62mm
枪口初速:	864.7m/s

DMR-M14 狙击步枪

DMR-M14 狙击步枪简介

DMR-M14 狙击步枪计划是为海军陆战队和舰队反恐安全部队提供一种主要用于中远距离精确射击的狙击步枪。第 26MEU（SOC）现在已经使用了 M14DMR，并在“持久自由行动”中参与了实战。由于 7.62mm 弹有很好的穿透能力，因此爆炸品处理小队也采用 DMR 用于引爆地雷或其他类似的炸药。

▼DMR-M14 狙击步枪瞄具细节图

▼DMR-M14 狙击步枪枪口细节图

DMR 是在 M14 上通过更换麦克米兰 M2A 枪托（E2 式枪托 + 可调贴腮板）而成，比 M14E2 的木质枪托轻了 0.45kg，脚架采用哈利斯的产品，瞄准镜架采用 Brookfields 公司的产品，据推测可能是焊接到机匣上的。海军陆战队没有为 DMR 选择固定倍率的 Unertl 瞄准镜，而是用 Leupold Mk4 M3 变倍瞄准镜，并有滤激光镜片。最初的 DMR 把鸟笼形消焰器换成了 OPS 公司生产的枪口制退器，并配有可拆卸的 OPS 公司消声器，同时取消了机械瞄准具。现在生产的 DMR 则没有更换消焰器，但保留了机械瞄准具作为后备。DMR 没有采用近年流行的尼龙背带，而是采用了老陆战队员喜爱的皮革背带。据说选枪时经验丰富的海军陆战队员和军械保修人员一起被指派到一个秘密的地方，在那里有 1 万支浸在防腐剂中保存了约 30 年的 M14 步枪，他们检验每支步枪，通过几次反复检查，从中筛选出最好的 1 000 支进行改装。

▼DMR-M14 狙击步枪支架细节图

▼DMR-M14 狙击步枪枪管细节图

073 巴雷特 XM109 狙击步枪

巴雷特 XM109 狙击步枪枪口细节图

巴雷特 XM109 狙击步枪基本参数	
总重：	15.06kg
全长：	1 168.4mm
枪管长：	447.04mm
口径：	25mm
枪机种类：	枪管短行程后坐作用
	转拴式枪机
发射速率：	425m/s
有效射程：	2 000m
最大射程：	3 600m
供弹方式：	5 发可拆卸式弹匣

巴雷特 XM109 狙击步枪简介

巴雷特 XM109 狙击步枪是由美国巴雷特公司研发生产的重型半自动狙击步枪（兼榴弹发射器、反器材步枪），发射 25mm×59mmOCSW 高爆连发榴弹。它的设计为巴雷特 M107 的修改型，并且能够击破距离 2km（2 187.23 码，1.24 英里）的轻装甲及材料的目标。

▼巴雷特 XM109 狙击步枪支架细节图

▼巴雷特 XM109 狙击步枪瞄具细节图

巴雷特枪械公司很早就有研制榴弹发射器的想法。当前苏联 AGS-17“烈火”榴弹发射器首度公开时，巴雷特公司就意识到 .50 口径的 M82A1 也可以改造为这种武器。可惜的是当时美国没有可供使用的弹药，因此这个计划只好搁置。

074 巴雷特 XM500 狙击步枪

巴雷特 XM500 狙击步枪枪托细节图

巴雷特 XM500 狙击步枪基本参数	
总重：	11.8kg
全长：	1 168mm
口径：	12.7mm
枪机种类：	短行程活塞传动型气动式转拴式枪机、半自动
枪口初速：	900m/s
有效射程：	1 850m
最大射程：	6 800m
供弹方式：	10 发巴雷特 M82 可拆卸式弹匣

巴雷特 XM500 狙击步枪

巴雷特 XM500 狙击步枪简介

巴雷特 XM500 狙击步枪（Barrett XM500）是由美国巴雷特公司最新研制及生产的气动式操作、半自动射击的重型无托结构狙击步枪（反器材步枪），发射 12.7mm×99mm（.50 BMG）北约口径制式步枪子弹。

▼巴雷特 XM500 狙击步枪握把细节图

▼巴雷特 XM500 狙击步枪枪身细节图

它是一支基于巴雷特 M82/M107 重型狙击步枪的 .50 口径狙击步枪，目的是成为比 M82 更轻、更紧凑的替代品。由于 XM500 装有一支固定的枪管（而不是 M82 的后坐式枪管设计），它很可能会因此有更高的精度。正如它的前身，它装有一个可折叠式两脚架。由于该枪没有准星（机械瞄具），必须利用机匣顶部的 MIL-STD-1913 战术导轨安装瞄准镜或夜视镜等战术配件。

▼巴雷特 XM500 狙击步枪支架细节图

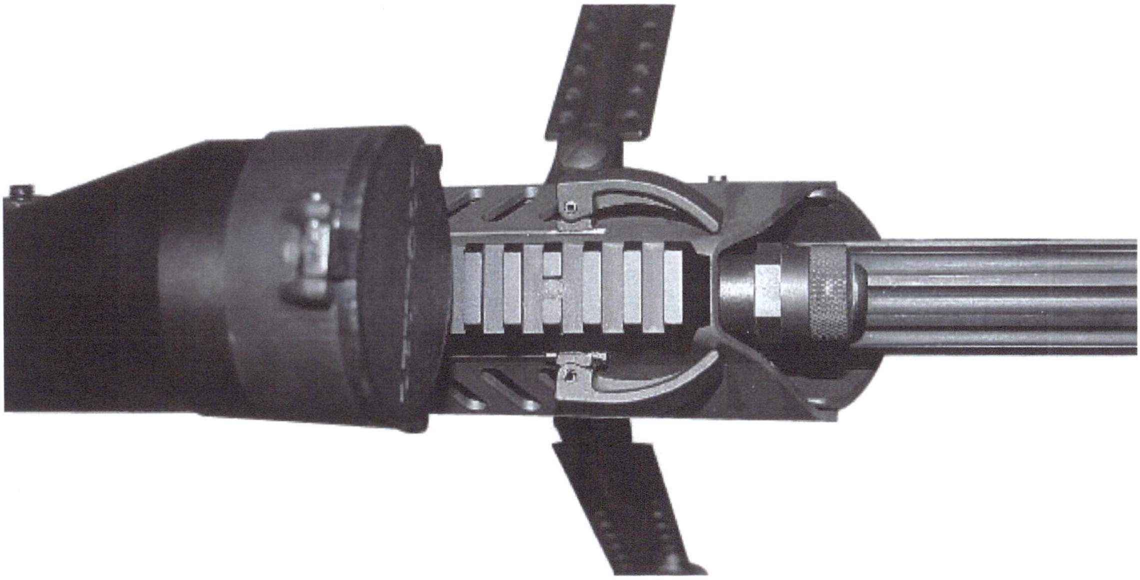

075 精密国际 AWP 狙击步枪

精密国际 AWP 狙击步枪枪托细节图 1

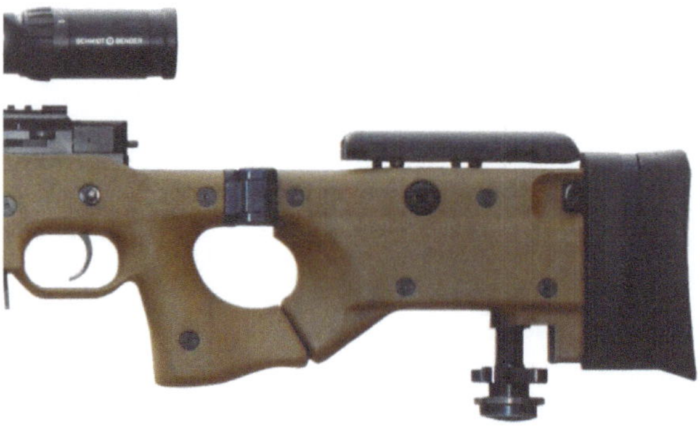

精密国际 AWP 狙击步枪基本参数	
总重：	6.5kg
全长：	1 120mm
枪管长：	610mm
口径：	7.62mm
枪机种类：	旋转后拉式枪机
枪口初速：	850m/s
有效射程：	800m
供弹方式：	10 发可拆卸式弹匣
瞄准具型式：	可分离式铁质准心
	各式光学狙击镜

精密国际 AWP 狙击步枪简介

精密国际 AWP 为英国精密国际公司开发的北极作战（Arctic Warfare）系列的狙击步枪，为 L96 的改良版。

▼精密国际 AWP 狙击步枪枪托细节图 2

该武器在游戏“反恐精英”中作为威力最大的狙击步枪出现，因而被全球的游戏玩家所知，更是一度被很多玩家认为是全球最优秀的狙击步枪之一。在“反恐精英”中 AWP 能够以一发击杀敌人，但使用 7.62mm 子弹的斯泰尔斥候步枪需要两发，因此造成了.338 马格南子弹的性能远比 7.62mm×51mm NATO 子弹性能优秀的错觉。

然而，纵使游戏中该武器被称为 AWP，但现实世界的 AWP 狙击步枪只使用 7.62mm 子弹或其他同口径子弹，并不存在使用.338 马格南的 AWP。如果无视游戏中该武器装填 10 发弹药的设定，则针对外型和子弹类型而言，其实游戏中的该武器非常接近现实中的 AWM。

▼精密国际 AWP 狙击步枪导轨细节图

VKS 狙击步枪

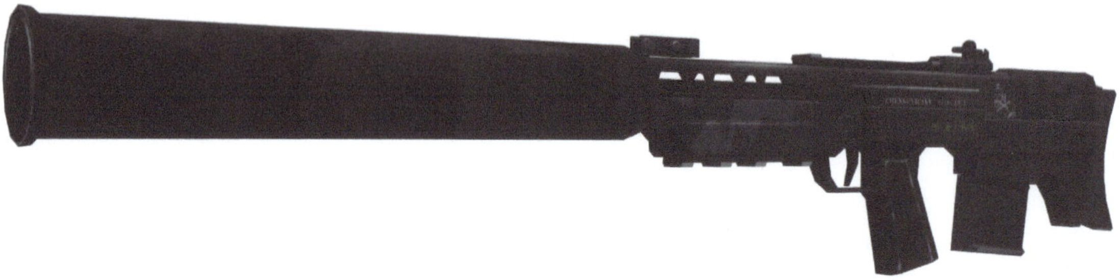

VKS 狙击步枪枪托细节图

VKS 狙击步枪基本参数	
总重：	5kg
全长：	622mm
枪管长：	450mm
口径：	12.7mm
枪机种类：	直拉式枪机，转拴式枪机
枪口初速：	305~320m/s
有效射程：	600m
供弹方式：	5 发可拆卸式单排弹匣
瞄准具型式：	后备机械瞄具

VKS 微声狙击步枪

VKS 微声狙击步枪简介

▼VKS 微声狙击步枪枪管细节图

VKS 微声狙击步枪是由俄罗斯 KBP 仪器设计厂旗下的图拉市运动及狩猎武器中央设计研究局（TsKIB SOO）研制的 12.7mm（.50in）大口径重型无托结构微声狙击步枪（反器材狙击步枪），使用了直拉式枪机，发射 12.7mm×54mm 亚音速步枪子弹。

▼VKS 狙击步枪瞄具细节图

钢制机匣采用金属冲压加工的方式制作而成，机匣前部上方两侧设有 6 个大型散热孔。机匣最前方的顶部设有一个折叠式准星，准星下方左侧设有枪背带环。机匣中间顶部装有一段瞄准镜导轨，以便安装光学瞄准镜。导轨尾部是一个折叠式照门。机匣后方设有一块托腮板。

12.7mm×54mm 口径 VKS 微声狙击步枪是特种部队要求的提供的比 9mm×39mm VSS Vintorez 微声狙击步枪强大得多的步枪。VKS 的主要攻击目标是 600m（656.17 码）范围内身穿重型防弹衣或是躲藏在汽车和其他坚硬掩体后方的敌人。

VKS 微声狙击步枪采用了无托结构的设计，把枪机等主要部件放在手枪握把的背后，从而缩短了总长度，而不缩短枪管长度，这样使其尺寸更适合在城市反恐作战中使用。

和手动步枪一样，它需要以手动的方式完成子弹上膛与退膛的动作。不过 VKS 微声狙击步枪使用的手动枪机并非旋转后拉式枪机，而是采用了并不常见的直拉式枪机。虽然这一设计早已不再常见，而且结构复杂、可靠性差，但其好处是其枪机操作可以比其他传统型手动枪机有更快的操作速度，熟练的射手可以使其射击速度不亚于一支半自动步枪。使用这种类似手动枪机的狙击步枪的现代武器还有德国的布拉塞尔 R93，但该枪的拉机柄更为简单。

APR 狙击步枪

▼APR 狙击步枪枪托细节图

APR 狙击步枪基本参数	
总重:	7.01kg
全长:	906mm
枪管长:	610mm
口径:	7.62mm
枪机种类:	旋转后拉式枪机 转动角 60°
有效射程:	1 000m
供弹方式:	10 发不锈钢制可拆卸 双排式弹匣

APR 狙击步枪

APR 狙击步枪简介

▼APR 狙击步枪瞄具细节图

APR 狙击步枪是由位于瑞士图恩的布鲁加－托梅公司在 2003 年以法国 PGM 精密公司旗下的精密步枪作为蓝本而进一步研发的狙击步枪。APR308、APR308P 和 APR308S 发射 7.62mm×51mm 北约 /.308 温彻斯特口径步枪子弹，而 APR338 发射 .338 拉普－马格南(.338 Lapua, 8.6mm×70mm 或 8.58mm×70mm)口径步枪子弹。

自从布鲁加－托梅公司在 1991 年创立以来，主要是作为黑克勒－科赫（Heckler & Koch）和伯奈利（Benelli）等枪械制造公司的分销商，然后才开始生产消声器等战术配件。该公司后来成为武器系统集成商。

G43 狙击步枪

▼G43 狙击步枪枪身文字细节图

G43 狙击步枪基本参数	
总重:	4.1kg
全长:	1 130mm
枪管长:	546mm
口径:	7.92mm
枪机种类:	气动式
枪口初速:	775m/s
有效射程:	500m
供弹方式:	10 发可拆卸式弹匣

G43 狙击步枪简介

G43 是第二次世界大战期间德国军队装备的一种半自动狙击步枪。

▼G43 狙击步枪枪身细节图

在 20 世纪 30 年代末期，德国开始研制半自动步枪。因为当时德国步兵比较重视机枪，对半自动步枪的研制并未引起特别重视，所以半自动步枪的研制比美国落后，尤其在 1941~1942 年间，在东线战场德国军队的标准步枪 Kar98k 在火力上根本无法和苏联的半自动步枪较量。

1941 年，瓦尔特公司设计的样枪经过德国军方测试批准投产，命名为 Gewehr41（简称 Gew 41 或 G41）。其枪口装有环形导气装置，利用发射枪弹的火药气体推动枪机解锁、后坐，完成抛壳、子弹上膛。其使用标准毛瑟步枪弹，以 10 发弹匣供弹，子弹需由机匣顶部填装。G41 到 1944 年停产时仅生产了 12 万支。

由于当时的 Gew 41 步枪比较笨重，子弹填装不方便，不太受军队的欢迎，但是它在火力方面的性能比 Kar98k 步枪好。德军在东线战场上缴获了大量的苏联军队装备的 SVT-40 半自动步枪，受到德军士兵很好的评价，德国工程师根据军队的要求，借鉴了 SVT-40 的导气式工作原理，直接改进了 G41，发射枪弹的火药气体导出枪管后，推动一个活塞向后运动带动枪机后坐，完成抛壳、子弹上膛，于 1943 年研制成功并命名为 Gewehr 43（一般简称 Gew43 或 G43）。它的枪栓位于枪机左侧，可拆卸的 10 发弹匣用两个 5 发弹夹填装，1943 年开始装备部队。到战争结束时 G43 以及其改型枪 K43 共生产了 40 万支。当时德军将 G43 及 K43 装上 ZF4 4 倍瞄准镜作为半自动狙击步枪使用。

由于产量难以满足前线需求，G43 没有大规模配发前线普通士兵替换 Kar98k。尽管它在数量上没有全部装备前线军队，但它被认为是一种质量不错的半自动步枪。虽然 G43 比手动装填子弹的步枪射击速度更快，但德军士兵对 G43 褒贬不一，一方面半自动的 G43 远射程精度比不过 Kar98k，而它的射速比使用了短药筒枪弹全自动的 StG44 突击步枪低。

079 莫辛－纳甘狙击步枪

莫辛－纳甘狙击步枪枪管细节图

莫辛－纳甘狙击步枪基本参数	
总重：	4.22kg
全长：	1 306mm
枪管长：	800mm
口径：	7.62mm
枪机种类：	旋转后拉式枪机
枪口初速：	615m/s
有效射程：	548.64m
供弹方式：	5 发弹匣，内置弹仓

莫辛－纳甘狙击步枪简介

▼莫辛－纳甘狙击步枪顶视细节图

莫辛－纳甘狙击步枪于 1891 年面世投入生产，分别交由图拉、伊热夫斯克、谢斯特罗列茨克三家兵工厂生产，1893 年开始大规模生产，经历了日俄战争，在第一次世界大战时成为俄军的主力武器，对于俄军庞大的规模，莫辛－纳甘步枪的生产能力远不能满足，俄国曾先后委托法国以及美国的兵工厂帮助生产。

十月革命后，大量莫辛－纳甘狙击步枪被红军缴获，由于它带有长长的刺刀让敌人印象深刻。在苏联时期莫辛－纳甘步枪进行了重大改进，于 1930 年进行最大的改进后命名为 M1891/30 型步枪。第二次世界大战爆发后它再次成为苏军的主力武器。战争后期，莫辛－纳甘狙击步枪显得过时了，虽然进行了战时的改进，但战后很快被采用中间型威力枪弹的新式步枪代替，并于 1948 年全面停产，在一些国家继续服役使用，还参加过朝鲜战争和越南战争。

在越战后至现在，一些小型冲突及较落后的地区中仍然在使用莫辛－纳甘狙击步枪，而在民用市场中，因其所配用的枪弹还是制式弹药，很便宜，容易取得，莫辛－纳甘步枪也是不少收藏家及射击爱好者的首选。

M1D 狙击步枪

▼M1D 狙击步枪枪身文字细节图

M1D 狙击步枪基本参数	
总重:	3.95kg
全长:	1 098mm
枪管长:	610mm
口径:	7.62mm
枪机种类:	旋转后拉式枪机
枪口初速:	823~853m/s
有效射程:	550m
供弹方式:	5 发弹匣，内置弹仓

080 M1D 狙击步枪 Sniper rifle

M1D 狙击步枪简介

M1D 狙击步枪最初使用春田兵工厂生产的瞄准镜架及 M82 瞄准镜，后改为 M84 瞄准镜。后来改用的瞄准镜是 Weaver K4，这是在 20 世纪 60 年代初期生产的 4 倍商业瞄准镜，更换这种瞄准镜的 M1D 是由预备役部队和国民警卫队使用的，并改用 K4 瞄准镜的专用镜架。

▼M1D 狙击步枪瞄具细节图

区分M1C和M1D的简单方法是看瞄准镜的安装方式。M1C 使用的镜架用销子和螺丝固定在机匣左侧，而 M1D 狙击步枪则是把瞄准镜座安装在一个枪管衬套的左侧。这两种安装方式都使瞄准镜偏左，不影响装填、抛壳，也不影响使用原来的机械瞄具。M1D 的方式只是增加一个枪管衬套，不需要改造机匣，因此对步枪本身的改动较小。与传言的相反，M1 步枪的狙击型不是用精挑细选出的最准确的步枪来改造的，仅仅是给普通的量产型步枪加上瞄准镜而已。

由于在第二次世界大战期间没有大量生产和使用，因此 M1C 和 M1D 直到朝鲜战争才成为制式狙击步枪。通过朝鲜战场的实战检验发现，M1C 和 M1D 在 400 到 600 码射程内的命中率很高，远了不行。当然，只有 2.5 倍的瞄准镜是制约有效射程的一个因素，此外美军没有为狙击手配发比赛弹，而只是使用标准的普通弹，这也影响了这些狙击武器的有效性。

▼M1D 狙击步枪枪管细节图